脑洞大开——

C语言另类攻略

(修订版)

刘隽良 编 著
胡 华 李万清 主 审

西安电子科技大学出版社

图书在版编目(CIP)数据

脑洞大开：C语言另类攻略/刘隽良编著. —2版. —西安：
西安电子科技大学出版社，2017.8
ISBN 978-7-5606-4621-3

Ⅰ.① 脑… Ⅱ.① 刘… Ⅲ.① C语言—程序设计 Ⅳ.① TP312.8

中国版本图书馆CIP数据核字(2017)第173372号

策　　划　陈婷　马乐惠
责任编辑　陈婷
出版发行　西安电子科技大学出版社(西安市太白南路2号)
电　　话　(029)88242885　88201467　　邮　　编　710071
网　　址　www.xduph.com　　电子邮箱　xdupfxb001@163.com
经　　销　新华书店
印刷单位　陕西华沐印刷科技有限责任公司
版　　次　2017年8月第1版　2017年8月第2次印刷
开　　本　787毫米×960毫米　1/16　　印　张　16.375
字　　数　269千字
印　　数　1001～4000册
定　　价　32.00元
ISBN 978-7-5606-4621-3/TP

XDUP 4913002-2

修订版说明什么的

嗯，时间过得很快～转眼间，《脑洞大开——C 语言另类攻略》第一版已经面世一年了。在这里感谢大家对本书的支持

没错，在大家的支持下，第一版卖完了。

在此加印之际，在编辑陈婷和马乐惠老师的大力支持和不懈努力下，我们重新修改完善了书稿的不足，总结了第一版排版的不足，重新推出了《脑洞大开——C 语言另类攻略（修订版）》。

此次完善内容如下：

(1) 修改第一版中的大量代码排版错误，纠正第一版中因排版问题导致的错误代码。

(2) 增加小贴士，对部分知识内容增加如何进一步学习引导小贴士或推荐进一步学习的技术资料，方便大家因人而异对感兴趣的内容进行进一步的独立学习。

(3) 优化版面及排版设计，优化书籍尺寸，完善排版，美化视觉效果，内容一目了然，并增加书侧空白，方便大家进行知识总结和记录。毕竟，把知识变成自己的，理解才能更加深刻。 同时对书中代码增加了二维码，大家可以通过扫描二维码获得书中例子代码的电子版，从而更好地利用书中资源

希望更新后的版本能够给大家更加完美的阅读和学习体验。

当然，还是那句话，毕竟金无足赤，人无完人，更何况我自己也还远远达不到真正的高手水平……所以书中一定还会有所不足和众多这样那样的问题，所以大家如果发现了什么瑕疵或者对这本书有更好的建议，随时欢迎沟通交流指(gou)教(da)～

联系邮箱：ddizxt@126.com

最后再次希望这本书能对你有所启发哦～

刘隽良

2017/5/19

杭州电子科技大学

序

知识学习应愉悦轻松，知识传授应以学生为本。

C 程序设计语言诞生至今已有四十多年的历史，对其研究介绍的著作和教材数不胜数。当前，C 程序设计语言教材大多是以传授者的视角编写的，内容也大都专注于语法规则的讲解，偏重于知识的灌输。就知识讲解而言，教材或者工具书采取这样的编写方式确有好处，但对于信息时代的学习者来说，学习难免枯燥乏味。因此，当一位老师向我推荐杭州电子科技大学一名在读大学生于大一时凭兴趣写的一本“很有趣、很有特点”的C语言教材时，我实在难以想象出他会写出什么新意来——直到浏览了其全部书稿。本书的作者捕捉了大量被其他书籍忽略但在实践中非常重要的细节内容，以一种与读者互动的姿态和语言娓娓道来，答疑解惑。同时我也非常赞赏其叙述的独特视角，认为确有理由向大众推荐和分享这本好书。

此书作者刘隽良同学是杭州电子科技大学信息安全专业的本科在读学生，在学习C语言程序设计课程时，感觉教材“刻板无趣”。他认为，如果不能以自己的方式准确地阐释所学的内容，就不能算是真正地掌握知识。为此，在学习过程中，刘隽良开始描绘自己心中的C语言面貌。经过两年的思索和积累，完成了这本书的初稿。有趣的是，这本书稿只是个开始。在学习数据结构和密码学课程的时候，刘隽良又以同样的方式完成了其他两本书稿的创作。更难得的是，在完成这三本书稿的过程中，他从未向他人透露过自己的创作历程。直到一个偶然的机会——他参加杭州电子科技大学华为企业奖学金评比，将这三本书稿的写作经历展示给评委老师时，师生们才知晓此事。

刘隽良同学特立独行的想法和坚持不懈的毅力，深深触动了我。作为一名教育工作者，我认为应该让更多的学生分享他这些有益的学习经验，并请专业老师辅助他完善了三本书稿。经过努力，西安电子科技大学出版社正式出版了本书。

本书以一个曾经的学习者的视角，从计算机硬件运行方式、软件执行方式、编程语言以及编译技术等多个层面展示了C语言，以诙谐幽默的语言生动形象地向读者描述了C语言的精彩世界。

如前所述，本书的新颖之处在于以一种学习者的姿态与读者互动，并通过大量图片和逐步图解来辅助理解，将学习C语言变成一种享受。书中收录了大量被其他书籍忽略的但在实践中必须掌握的细节，巧妙地展现出C语言不常为人关注的一面，让读者在轻松愉快的氛围中，能够“知其然，后而知其所以然”。全书集C语言入门、进阶以及C++面向对象入门于一体，逻辑清晰，语言流畅，深入浅出，细节翔实，既通俗易懂又不失严谨。可以说，这本书从以学生为中心的视界与角度，引导学习者形成勤于思考的习惯，鼓励学习者将所学的知识用自己的见解表达出来，从习惯性地被动接受教材的灌输中脱离出来，这对我们反思教育教学改革不无裨益。

在此，让我们向刘隽良同学表示热烈祝贺！期待他再接再厉，在今后的人生中绽放更多的精彩！

胡　华

2016年春于杭州电子科技大学

阅读易误导，实践出真知

——前言什么的

貌似每本书都需要有个叫做前言的东西。嗯，写点什么好呢？

一、一点点不算感悟的感悟

阅读易误导，这个听起来有点匪夷所思啊～不都说书是人类进步的阶梯嘛～你怎么又说阅读易误导咧？

不假，对于编程书籍而言，聆听大师教诲的确很有必要，第一次看这类书的感觉的确是醍醐灌顶。不过，当看的书多了，你就会发现虽然大家说的都有道理，但是又各有差异。毕竟每个人对同一个问题的看法和见解都不一样，而书就是他们各自见解的合集，他们将自己的理解写出来供别人参考，然后看过这些感悟的人又有了自己的见解，便又可能另立新作，以此类推周而复始。

然后，麻烦就来了。

当你需要知道某个内容的时候，相应著作百花齐放，良莠不齐，它们或对或错，这都不重要，重要的是在这个过程中，你会不知不觉忘掉你自己的见解。这点就可怕了，你开始变得人云亦云，变得知其然而不知其所以然，你会觉得你所想出的一切都只不过是在翻版别人的感悟，而不是自己发自内心最想表达出来的东西。

这就麻烦了，毕竟学习编程最重要的不是你看过多少本书，而是你能够悟出多少奥义，你能将多少知识用自己的见解表达出来而不再只是因为教材就是这么写的所以你就这么做。

所以，从这个层面上来说，在编程方面，阅读易误导。

领悟，靠的是自己。书，永远只是辅助。或许，背下书中的知识可以考试不挂科（事实也确实如此），不过要是真想将这些内容变成自己的东西，只有躬亲实践自己领悟，别无他法。

所以在写这本书时，我更多的是希望读者能够学会独立思考感悟，而不是单纯的死记知识。编程是一门艺术，所以，很多东西，只可意会，不可言传，若欲意会，唯有躬亲。这也许就是我在写这本书时最大的感悟吧。

二、写作缘由与经历

这本书的初稿完成于 2014 年 8 月，是我第一次在学校学习完 C 语言课程的暑假。起初的原因是对所使用的教材的知识讲述方法有点“怨念”，觉得知识不应该是这样的枯燥，应该是立体且很有趣的，觉得如果不能把所学的东西以自己的方式描述出来，就并不能算是真正的理解，因此，这本书的初稿就诞生了……作为第一次尝试，现在看当年的初稿不禁感叹自己的毅力。虽然初稿内容很浅，错误在所难免，但是作为当时自己的最高水平，真的已经是极限了；而且书中的语言风格和行文方式以及内容编排都有自己的特点，这也直接决定了这本书的与众不同。而后来由于机缘巧合获得此次出版机会后，我再次使用了近半年时间重新对初稿进行了多轮“骨灰级”修改——将原有初稿页数增加了近一倍，修改完善 N 多的错误和不足，使得内容更加准确严谨，更加符合最新标准。

由于本书的出发点不是作为一本“传统”的教材，所以全书的框架设计、内容逻辑相对于教材有较大区别。为了能够让大家更容易轻松地领悟 C 语言，我对本书的知识框架做了较大的调整——首先我们会从计算机体系结构入手，从计算机硬件运行方式、软件执行方式、编程语言以及编译技术等多个层面结合起来全方位立体展示，以便于更好理解语言本身，同时辅以大量图片辅助理解并搭配各种小问题一起研究，较好地摆脱了传统书籍的说教式知识传授过程。此外，在本书中我们将更加注重细节，对大量不被提及的细节不再人云亦云而是告诉你为什么会是这样，让你能够更好地理解和掌握语言本身。

希望这样的设计能给大家带来更好的学习体验。

三、致谢

感谢父母的支持，让我能够尽情做自己喜欢的事情。在本书的成书过程中，杭州电子科技大学胡华副校长和李万清老师对书稿进行过多次审核，提出了很多很有价值的修改意见，非常感谢他们的付出，使得这本书能够以更为完善的姿态展现在读者面前；同时要感谢西安电子科技大学出版社的出版支持，尤其感谢编辑陈婷老师和马乐惠老师在本书出版过程中提供的诸多帮助(尤其像我这种“不守规矩”的，真是辛苦她们了……)。最后还要感谢某神秘人士 K，作为最初版本的原始读者，是你向我提供了最初动笔的动力，从而才诞生了这本书。

四、本书结构

本书主要分成了 5 章：

第 1 章是一个开头总结和引导，简单介绍了计算机硬件运行方式、软件执行方式以及 C 语言代码从预处理到最终编译成可执行文件的过程，并总结了在 C 和 C++中普遍通用的规范代码模式以及一些要注意的点。

第 2～4 章是对 C 语言的总结，作为一门历经 40 多年依然经典而坚挺的编程语言，它自然有着与众不同的魅力与风格，这三章分别从关键字、函数以及数组和指针等方面对 C 语言进行了多方面的剖析，并深入细节细化理解，让读者能够对细节做到知其然又知其所以然，让读者在多问些为什么的过程中进阶 C 语言水平。这部分内容适合 C 语言初学者快速入门，让入门者快速进阶，也适合初级进阶者查漏补缺。

第 5 章则是基于 C++的面向对象模型快速过渡与理解，帮助读者在理解 C 语言面向过程思维后向面向对象的入门级过渡，以一章的内容将 C++中最主要的子集以最好理解的状态展现在读者面前，适合作为 C++的初学入门指导。

五、求“勾搭”

当然，毕竟金无足赤，人无完人，更何况我自己也还远远达不到真正的高手水平……所以书中一定还会有不足和众多这样那样的问题，大家如果发现了什么瑕疵或者对这本书有更好的建议，随时欢迎沟通交流指(gou)教(da)。

联系邮箱：ddizxt@126.com

最后希望这本书能对你有所启发哦。

刘隽良

2016/5/14

杭州电子科技大学

目　　录

第 1 章　一点点想说在前面的话

1.1　计算机是怎样运行的?

在正式介绍 C 语言之前，简单讲解一下计算机的运行原理是很必要的。

至于为什么很必要咧？首先，要想了解 C 语言的本质，只从语言本身的层面讨论是远远不够的，我们需要一些对计算机硬件基础的了解。其次，即使不是为了学习语言，面对一个你整天都在用的东西，肯定都有一点想了解它内部运行机理的欲望吧。

所以今天，我们就来好好讲讲这些内容。

首先，我们需要知道的是，计算机并不“聪明”：它没有思想，没有自己的想法和认知能力，更“笨”的是它甚至自己都不知道自己能做什么，它需要人类给它命令才能够按照人类的命令去工作，按照人类给它的命令去处理人类给它的内容，再把结果反馈给人类，这就是它所能做的事。那么它如何才能听懂人类的命令呢？人类之所以能够沟通交互，是靠语言，自然机器也不例外，计算机能够与人交互，靠的是“机器语言”——而这个机器语言对我们人类而言可能很陌生，因为它是一大堆二进制代码，而为什么是二进制代码呢？

嘿嘿，原因还是因为计算机太“笨”啊。

因为计算机是一个机器，它是由各种电子元器件组成的。而这些电子元件一般只有两个状态：通电、断电，通常我们以通电表示二进制中的数字 1，断电表示 0。正是由于电子元件所能表示的状态如此有限，计算机没法“认识”1 以上的数字。如果你真的想让计算机能够认识 0～9 的十进制数字的话，那估计电子元件的状态要有下面这些：

0：断电；

1：通一点点电；

2：通比通一点点电多一点点的电；

3：通比通一点点电多一点点的电之后再多一点点的电；

⋮

9：通满电。

好吧，总觉得即使计算机对着这种进制方法不崩溃，设计电子元件的人也要崩溃。(囧)

正由于上述种种原因，计算机的机器语言是只有0和1的二进制形式的代码。那这些二进制代码是谁处理的呢？自然是我们刚才提到的那些用电子元件制造的硬件；那这些二进制代码是谁给硬件的呢？是硬件上运行的软件；那谁是硬件谁是软件呢？

什么是硬件，什么是软件，这个我们拆个机箱就知道了。不知道大家有没有拆过台式机机箱，拆过的话可能会发现，其实机箱里东西并不多，无非就是下面这些：

计算机硬件也是一个很有意思的分支～如果有兴趣对硬件知识有个性能、性价比上的宏观了解，网上有很多可用资源，比较有名的如百度"图拉丁"、"显示"吧等。毕竟三千预算进图吧，小学对面开网吧

(1) 机箱(主机的外壳，用于固定各个硬件)。

(2) 电源(主机供电系统，用于给主机供电稳压)。

(3) 主板(连接主机内各个硬件的躯体)。

(4) CPU(主机的大脑，负责数据运算处理)。

(5) 内存(暂时存储电脑正在调用的数据)。

(6) 硬盘(主机的存储设备，用于存储数据资料)。

(7) 声卡(处理计算机的音频信号，有主板集成和独立声卡)。

(8) 显卡(处理计算机的视频信号，有核心显卡(集成)及独立显卡)。

(9) 网卡(处理计算机与计算机之间的网络信号，常见个人主机都是集成网卡，多数服务器是独立网卡)。

(10) 光驱(光驱用于读写光碟数据)。

(11) 软驱(软驱用于读写软盘数据，然而软盘如今已经彻底淘汰= =)。

(12) 散热器(主机内用于对高温部件进行散热的设备)。

像这些我们看得见摸得着的有实体存在的部件，我们称其为硬件；相反，对于没有实体存在的部件，我们称之为软件。比方说操作系统(Windows、Linux 等)以及我们安装的各种应用程序(QQ、IE 等)，它们没有实体，即为软件。

刚才我们说过硬件处理二进制机器语言指令，其中最重要的部件应属CPU，它负责计算机内部绝大部分的数据运算，并将运算结果传输给其他硬件最终呈现给我们不同的内容。为了更为简单地描述这段工作，我们上张图片(见图 1-1)。

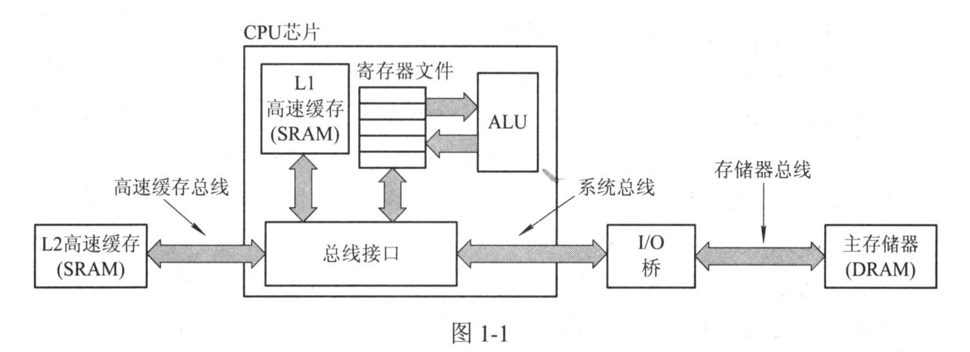

图 1-1

首先，CPU 执行运算一定需要有数据，那这个数据是怎么传给 CPU 的呢？这中间是一个很长的过程。首先我们已经知道的是，计算机内存储的数据都是以二进制形式存储在外存(如硬盘)的，它们在被运行时会被调入到主存储器 DRAM 中(这个 DRAM 就是我们插在主板上的内存条)。

之后计算机会根据 CPU 的运行需要依次分块将这些数据通过 I/O 桥存入高速缓存 SRAM 中(这个 SRAM 是有好几个等级的，现在的一般是三级缓存。其中第三级向第二级提供数据，第二级向第一级提供数据，级别越高的缓存速度越快，但存储空间越小)，SRAM 中的内容将会按需传输给寄存器，CPU 在执行运算时直接从寄存器获取数据，运算完成后再将结果写回特定寄存器，寄存器再将结果根据用途通过总线接口传输给特定部件。

看了这么长一个步骤，你一定会问啦：为什么要搞得这么麻烦？

嗯哼，这就要提到一个速度和成本的问题了(见图 1-2)。

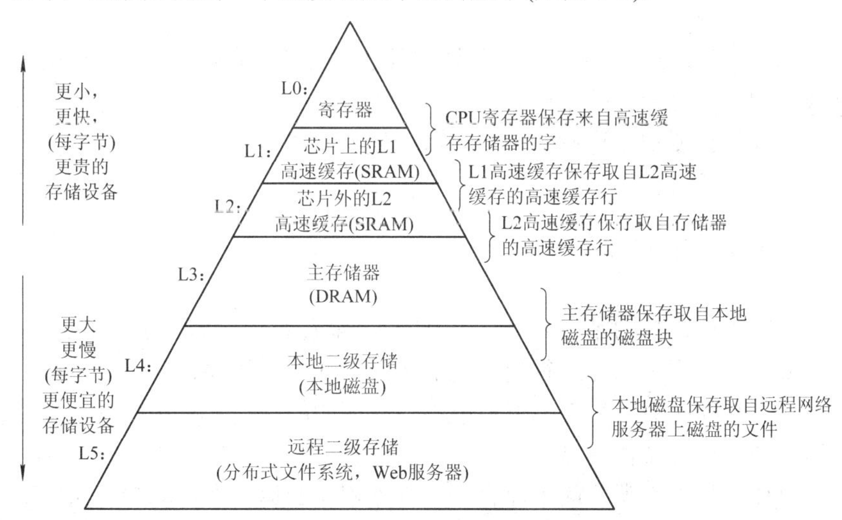

图 1-2

图 1-1、图 1-2 这部分的写作灵感和思路来源于《深入理解计算机系统》(机械工业出版社)，这里只是进行了比较简练的讲解，如果发觉自己对这种偏底层的内容感兴趣，那么这本书可能会很适合哦～

在图 1-2 所示的金字塔中，越接近顶端的设备速度越快，但存储空间越小，单位空间大小的制造成本越高。我们平时用的最多的是本地磁盘，即我们的硬盘。它动辄几百 GB(1 GB = 1024 MB)或者几 TB(1 TB = 1024 GB)，但是成本不过几百元。与它同价格的主存储器 DRAM 只能有几 GB 的大小，而现在的主流高速缓存则只有 1～6 MB 不等。寄存器则更远小于这个量级，仅有数十 KB(1 MB = 1024 KB)。

这样的层次性设计是为了得到效率和成本间较好的平衡，我们需要的存储空间自然是越大且越便宜越好，但这种存储空间的运行速度不够啊，所以我们就把需要运行的部分转入到速度更快但没那么大的设备里运行，这样既满足了我们需要更大存储空间的诉求，又能够保证需要运行的部分的运行速度。因此我们把最需要经常访问的数据放在速度最快容量最小的寄存器和高速缓存里，访问量最少的数据放在最慢容量最大的内存条和硬盘里，最终就形成了图 1-2 所示的金字塔层次结构。然而现在随着 CPU 运算能力的日益强大，硬盘速度成了运行速度的最大阻碍，所以现在出现了新型的速度比目前流行的机械硬盘速度更快的固态硬盘，虽然现在固态硬盘存储空间还是略小，成本也略高于机械硬盘，但相信在不久的将来随着工艺的提升会大有替代机械硬盘的势头。

关于固态硬盘，则有相关 SLL、MLL、TLL 颗粒相关技术及固态主控等技术可以了解～
了解了这些内容，即使是用于买固态硬盘，也能帮你绕过很多坑哦～

为什么要讲这些东西呢？因为我希望大家能知道以下知识：

(1) 计算机是执行输入、计算、输出的机器。

(2) 计算机内存储的一切数据其实都是二进制形式的，而且硬件也只认识二进制数据。

(3) 计算机运行设备有金字塔的层次结构，这样的层次性设计是为了得到效率和成本间较好的平衡。

那为什么要知道这些知识呢？后面你就会知道了。

1.2 程序是怎样运行的?

说完了计算机的硬件是怎样运行的，再来看看软件程序是怎样运行的吧。

要介绍程序是怎样运行的，就需要知道什么是程序，什么是进程。

什么是程序呢？最直白但可能不太严谨的解释是：存在你硬盘上的没有被运行的可执行文件就是程序。

那什么是进程呢？简单而言，进程是程序的运行态，即当可执行文件执行时被载入到 DRAM 的运行态的数据集合。一个程序运行时可以对应多个进程，也就是说，程序是一个静态的概念，而进程是一个动态的概念，程序是永久存在的，而进程则是暂时的，当进程运行结束时即会被销毁。

因为进程是动态的，所以在其运行过程中它内部的数据是在时刻变化的。为了更好地存储和管理这些动态数据，进程在 DRAM 中的空间要分为十多个段，不同的段存放不同类型、状态或用途的数据。这些段中的数据只有参与运算才会被转存入高速 SRAM 缓存，最后进入寄存器以供 CPU 进行运算。当然，进程还不是程序运行的最小单位，比它小的是线程。进程在运行时是线性的，其中每一条“线”就是一个线程。这些线程共享进程的数据，帮助进程更高效地执行。(当然，其实线程还不是进程的最小组成结构，其下还有纤程，这里就不做介绍了。)

这样一来，整个程序的运行过程就出来了：

一切可执行文件，在没运行前，它叫程序。运行后，在 DRAM 中出现了属于它的进程。这些进程在 DRAM 上有一块内存空间，这段内存空间中又有很多个段，这些段存储了不同类型、状态或用途的数据。每个进程还可能会有多个线程，这些线程共享该进程的数据，帮助进程更加有效率地完成任务。当特定数据需要被执行运算时，它将会被转入速度更快的 SRAM，并根据我们上一节讲到的金字塔层次结构最终转入寄存器并被 CPU 执行运算。之后再回传给 DRAM 表示此次运算完成，最后进程执行完毕被销毁，而硬盘上的程序则依然以原状态存在。至此，程序便运行完毕。

如果图解这个过程，它大致会是这样的(见图 1-3)。

这段内容便可以很直观地解释我们日常生活中使用电脑时程序的运行原理～双击时程序运行、鼠标转圈圈时是在将数据加载进 DRAM，之后进程建立，正式可用～当然也可以解释为什么游戏加载比运行慢很多～

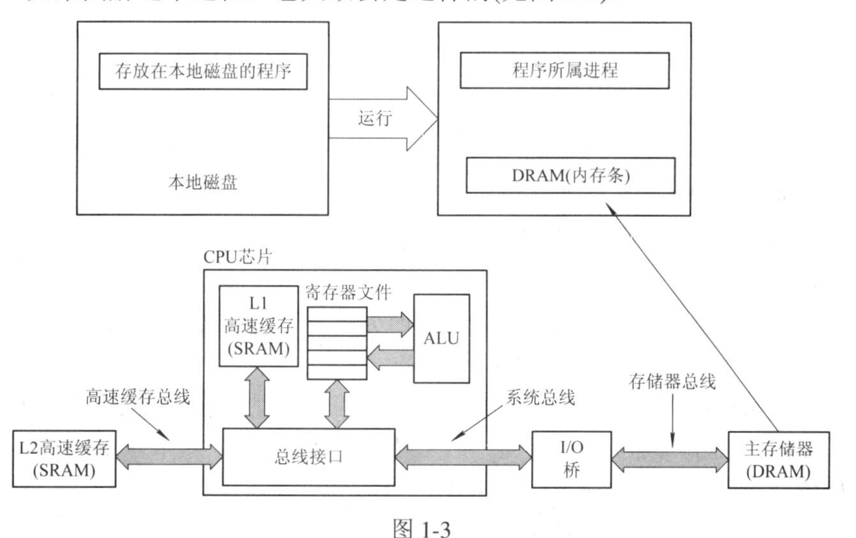

图 1-3

为什么要告诉你这些咧？因为我希望大家有这样几点认识：

(1) 程序运行态是进程。

(2) 进程是程序运行在 DRAM 上的临时存在的状态。

(3) 进程内部分为很多个段，这些段存储了不同类型、状态或用途的数据。

那为什么要知道这些知识呢？嘿嘿，和上一节一样，都与下面的一节(1.3 节)有关，接下来我们就来看看这些知识跟 C 语言到底有什么关系吧。

1.3 前面两节与 C 语言有什么关系？

在看了两节“不知所云”的内容后，相信你已经迷茫了，到底为什么要知道那些内容呢？这节就会知道了。

说到 C 语言，不得不提的就是“Hello World”了。作为一个经久不衰的标志，几乎成为了所有程序员入门某种语言后输出的第一句话。接下来就以输出“Hello World”的 C 语言代码为例，介绍一下 C 语言与前面两节软硬件运行机制的关系。

```
#include <stdio.h>

int main(void)
{
    printf("Hello World")；

    return 0；
}
```

好的，我知道大家都能够写出这样一段代码，但是大家知道这段代码是怎样变成一个程序并最终执行的呢？

前面我们说过，计算机毕竟是个没有思想的机器，它只认识二进制的机器语言代码，而 C 语言代码显然看起来不是它所能直接理解的范畴……所以就需要想办法把它转换成二进制代码，而究竟是怎么转换的呢？这就要说到 C 语言编译环境对这段代码的构建了。

所谓构建，粗略的可以分为编译和链接两个过程，细化则可以分为预处理、编译、汇编和链接四个过程。正是经历了这四个过程，我们的 C 语言代码最终变成可以被执行的可执行文件。

那么这四个过程分别对代码做了什么呢？

接下来我们就以这段“Hello World”代码为例分别看过来吧。

1．预处理

在预处理阶段，编译器会展开所有的“#define”宏定义，处理“#include”指令，将要包含的文件插入到目标文件中，并处理“#if”、“#ifdef”等预编译指令，删除所有使用“//”和“/* */”注释等。对于 "Hello World" 代码而言，这一步要做的就是处理“#include <stdio.h>”指令，即删除这句话并且将 stdio.h 等要包含的文件插入到我们的代码中，这样 "Hello World" 代码就算是预处理完成了。经过此步后，"Hello World" 代码文件已经从 "Hello World.c" 变为了 "Hello World.i"～“i”即“input”之意，表示这个文件已经可以作为编译的输入文件了。

2．编译

通过上一步，我们将 C 语言代码扩展成了“完全体”形态，但它还是 C 语言代码，计算机依然不认识……这就需要我们继续进一步对其进行转化。编译就是将 C 语言代码翻译成汇编代码的过程，在这个过程中，编译器要分析代码的语法语义，并根据语法语义的意愿编写合适的汇编代码。比方说在 "Hello World" 代码中，编译器就要分析 main()函数的起始位置，并以该位置作为程序的入口点，再分析

```
printf("Hello World");
return 0;
```

分别要执行怎样的操作，并将其翻译为汇编代码。

经过编译步骤，"Hello World.i" 将会变为 "Hello World.s"。

3．汇编

编译过后的代码虽然已经不是 C 语言代码而是更低一层的汇编代码，但依然不是计算机所能直接“看懂”的内容，所以需要再来一步。汇编的目的便是将汇编代码变成完全二进制的机器语言。前面 1.1 节说过，计算机硬件只认识二进制，所以我们的程序的最终形态也一定是二进制的机器语言。这些二进制机器语言在计算机眼里就是一条条有序的指令，按照这个指令执行便可以得到我们预期的结果。

经过此步骤我们的"Hello World.s"将会变为"Hello World.o"，“o”即“output”之意，即最终编译完成的输出文件。

4．链接

链接的作用是将同一项目中的多个文件间的相互引用关系一一进行处

理，保证各引用的正确性与稳定性。

经过这一步，"Hello World.o"将最终变为可执行文件，我们看到的结果就是通过这个可执行文件(.out、.exe 等)呈现出来的。

这样一来，前三节的内容就真正的连成一环了：起点是我们编写的 C 语言代码，重点是 CPU 如何执行运算。总结起来就是我们写过的 C 语言代码经过预处理、编译、汇编和链接最终变为可执行程序，当它运行时将会在 DRAM 产生进程执行程序内容，这个进程内部分为多个段，其中几个段我们将在后面章节着重介绍。之后进程不断将要执行的数据通过金字塔的多级缓存最终到达寄存器，被 CPU 取出并运算，并不断将运算结果返回给进程，直到最终进程运行结束(见图 1-4)。

对于上面 4 步，如果大家有兴趣想观察每一步之后文件中的内容，可以对编译器添加附加指令，使其将操作停留在特定步骤，如 GLL 中可以用-E 停留在预处理；用-S 停留在编译；用-C 停留在汇编等~有兴趣可自行搜索~

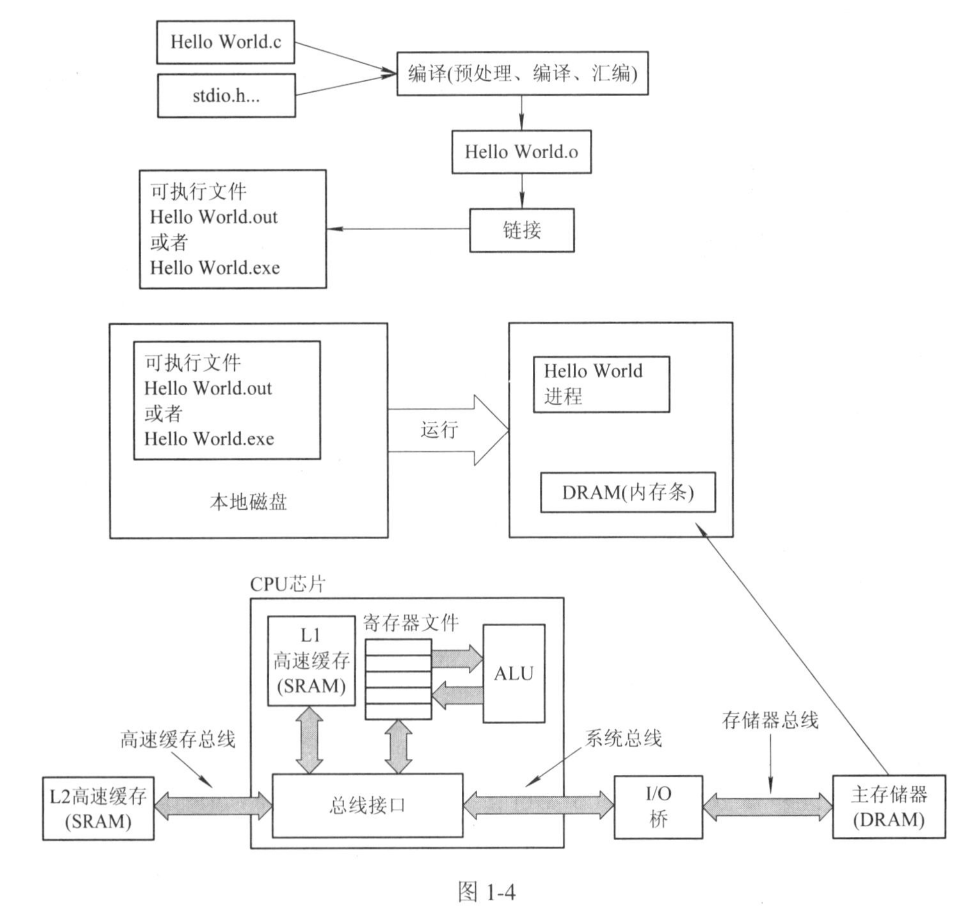

图 1-4

至此，我们成功地介绍完了 C 语言如何从代码变成程序、程序如何运行以及它运行时计算机是如何执行运算的了。

这些对深刻理解 C 语言十分必要。而且这些内容如果展开来讲，是可以写很厚的一本书的。如果大家对这些内容感兴趣，希望有更深层细致的了解，不妨去阅读一下俞甲子等老师著的《程序员的自我修养——链接、装载与库》，那是一本很细致的书呢。

接下来我们将正式进入 C 语言学习环节，在此之前我很期望大家已经对 C 语言有了一个基础的了解，不需要特别深，只需要知道 C 语言的数据类型、知道如何编写最简单的 C 语言代码即可，这样可以更好地理解后面较深入的内容。当然，也可以找一本不错的入门书与本书搭配阅读，个人比较推荐《C 语言程序设计：现代方法》(作者：K.N.King，人民邮电出版社出版)和《明解 C 语言》(作者：柴田望洋，人民邮电出版社出版)。当然，如果你使用的是谭浩强老师的教材也没有太大的关系，毕竟总要有一本书对你的入门负责，最后再被入门后的你一顿胖揍……不过你因此可能要更加着重注意些代码风格，所以下一节就来简单介绍一下代码风格吧。

1.4 代码风格

曾几何时，猛然发现在学校课堂上学 C 语言的时候，大家都只是在单纯地在写代码过考试而已，并没有留意所谓的代码风格。甚至很多教材都很不注意其代码风格，写的代码看起来很不舒服，而且会使我们养成很不好的代码习惯。一旦养成这种习惯，以后编程写代码都很受影响，而且这是个早晚都要改的问题，所以还是越早改掉越好啦。

下面总结了一些比较基础而常用的较好的代码风格：

1. 空行

写代码时，有些地方适当空行可以使代码结构更清晰，提高代码的可读性，而且这么做不会加重编译器负担，也不会浪费计算机资源(其实编译器在编译前会对代码格式统一重新排列，空行这类的格式会被自动修改回去的，所以在编写代码的时候不需要有这方面的顾虑)。

那么到底都应该在哪里加空行呢？借鉴和总结了一些规则如下(感觉真的很好用)：

(1) 在每个类声明之后、每个函数定义结束之后都要加空行。例如：

⋮

```
//空行
void Function1(...)
{
    code;
    ....;
}
//空行
void Function2(...)
{
   code;
   ...;
}
//空行
```

(2) 在一个函数体内，逻辑上密切相关的语句之间不加空行，其他地方应加空行分隔。例如：

```
void Function(...)
{
   code;
   //空行
   if(...)        //if 和 else 属于逻辑上密切相关的语句，之间不加空行
   {
        code;
        ...;
   }
   else
   {
        code;
        ...;
   }
    //空行
   code;
   ....
}
```

这里因为 if 和 else 构成逻辑关系，与前后其他代码不构成逻辑关系，所以在 if else 语句前后使用空行。

写到这，有没有发现，我在写 Function 的时候首字母用了大写？这也是一种好习惯，即在命名类名、函数名和变量名时使用驼峰写法，所谓驼峰写法就是指将名称中的每一个单词的首字母大写。如 GetMemory、SetHight…当然也可以使用下划线写法，如 get_emory、set_hight…但是最好不要两种混用，那将反而使得代码难以理解。一般当进行团队性合作编程时，都会有各自的变量命名和函数命名规则，到时按照其规则命名就好。当前建议是先选择驼峰或下划线中的一种使其作为一种好的习惯维持下去。

还有要补充的一点就是命名变量时尽量取有意义的名字，比如长度命名为 length、高度命名为 height 等等，尽量避免用 a、b、c 这类没有任何意义的名字作变量名。这个主要也是为了增强程序的可读性以及为自己或他人维护及二次开发程序的时候提供方便。不过在一些局部变量中也有例外，比方说循环里的 i 和 j 这样的命名却很好用，所以，这个也是要看情况的。一般对于循环语句，都是约定俗成使用 i、j 等为变量名，对于其他有意义的变量，则尽量避免使用这类名字。

在本书中，也将贯彻较规范命名变量的风格，但对于一些小例子，其变量名不具有特定意义的，为了简洁，也会使用一些 a、b、c 之类的变量名。

2. 代码行

(1) 一行代码最好只做一件事情，如只定义一个变量，或只写一条语句。这样代码看起来更简洁，而且更容易写注释。

比如将语句(不推荐的写法)

```
int length，height，width；//定义长高宽
```

建议改写成：

```
int length；  //定义长
int height；  //定义高
int width；  //定义宽
```

(2) if、for、while、do…while 等语句自占一行，其后的花括号最好也另起新行。否则写出来的代码对应花括号的时候较麻烦，而且花括号内的执行语句不要紧跟其后，依然另起新行并使用 tab 缩进格式。而且不论执行语句有多少都要加{}，这样可以防止书写失误。尤其像 if 语句，如果不加花括

号，它只执行紧随其后的第一句语句而将后面的语句视为判断之外的语句，使其无论判断是否成立都会被执行。我在刚开始写 C 语言代码的时候没少吃 if 语句这种特性的亏(囧)。再如：

推荐的写法：

```
if(...)
    {
        code;      //使用 tab 进行代码缩进
    ...;
    }
```

不推荐的写法：

```
if(...)code;
```

或

```
if(...)
code;
```

或

```
if(...)
code1;
code2;
…
```

最后一种写法可能会造成错误，即只有 code1 语句才会在 if 成立时执行。

3. 空格

这个要解释的地方太多。很多地方都要加空格，比如关键字之后、赋值号两边，这里就先简单说说。

(1) 关键字之后要加空格。

关键字之后加空格很好理解，就像这样：

```
int length;
```

int 是一个关键字，后面跟了一个变量名，这种格式叫做定义变量，其中 length 就是被定义的 int 类型变量的变量名。如果 int 和 length 中间没有空格的话，类似这样：

```
intlength;
```

那么它在编译器编译时会被认为是一个词，从而引起编译器的类似“intlength 变量未定义”字样的报错信息。

(2) 赋值号两边最好加空格。

这个也很好理解，举个例子：

```
length = 10;
```

这里就还是以上面那个 int 型的 length 变量为例，对其进行赋值，并且在赋值号两侧都加空格。这样看起来更舒服。

为了更加直观，我们将两种写法对比着看：

赋值号两边加空格的版本：

```
length = 10;
```

赋值号两边不加空格的版本：

```
length=10;
```

对比之下，很明显就能发现还是前者看着更舒服，而且在修改和排错的时候更方便，尤其当代码量极其巨大的时候。

(3) 函数参数、循环参数间要有空格。

其原因和上一个差不多，也是为了便于浏览和修改。这个将在后面的例子中多次展现，这里就不再举例说明。

以上这些如果记不住也没关系，为了帮你记忆，我将在整本书里以身作则，将每段代码都尽量按照比较正规的标准书写(虽然可能还有瑕疵)，你可以参照其中的写法慢慢适应，并逐步形成自己的风格。

1.5 永远不要写 void main()

void main()这种写法是目前在很多国内教材中普遍存在的一个问题。说白了，void main()是一种非主流的写法——标准里从来没有，也没有哪个编译器明确在文档中声明支持这种写法。因为没有这个标准，所以不同编译器会对这个写法按各自的理解做各自的编译，可能会导致 main 函数功能异常，产生未预知错误。对于这种写法，严谨的编译器将会报出 warning。

简单地说，标准的 C(C99)规定的 main 函数只有两种：

```
int main(void)
```

和

```
int main(int * argc, char * argv)
```

第一种和现在比较常用的写法 int main()一样，标准中规定这两者的相同点是 main 函数结束时都会返回一个 int 型的值，程序正常退出返回 0，异常时根据异常的不同返回不同的非 0 值。

区别是第一种格式在不需要通过命令行向程序传递参数时使用，同时由于 main 函数本身也是个函数，所以它本身也支持接收参数，接收参数的方法一般是获取 cmd 窗口输入的系统命令等，而上面写到的第二种写法就是需要从外部接收参数来执行 main 函数的程序所使用的 main 函数写法。int argc 和 char **argv 这两个参数便是用于运行时，把命令行参数传入 main 函数的，其中 argc 用于表示命令行参数总个数，包括可执行程序名；而 argv[i]表示传入的第 i 个参数；argv[0]则代表当前执行的可执行程序的全路径名。这个现在不懂也没关系，如果搞 C 这块以后一定会有碰到的时候。

现在你要记住的就是从此刻起，别再写 void main()了哦！

顺带一提的是，在学习 C 语言时，你的老师可能会将 main 函数写成这样：

```
main()
```

即没有声明其返回值类型，这种写法在 C89 中是等价于 int main()的，因为 C89 中默认所有没有声明返回值类型的函数，其声明为返回值均为 int 型。但值得注意的是，这项标准在 C99 及之后的标准中被删掉了，即不再默认对其声明为 int main()，因此这种写法也不提倡。

1.6 不要把试卷型代码风格奉为圭臬

嗯，如果你有心把全国各高校的编程语言类试卷上的代码收集整理成一本书，那绝对会是《最差代码风格大全》中的经典。为什么呢，可能是因为应试需要照顾到各层次学生的水平，也可能是老师自身的水平或习惯问题，老师们在编代码的时候大多可能会以一种貌似通俗易懂却绝对不是值得推崇的风格，甚至可以说是很差劲的风格

说到《最差代码风格大全》，有一本很不错的书值得一看，它便是《代码大全》(电子工业出版社)，这是一本厚到发指但完全不拘泥于特定语言的代码风格类书籍，感兴趣可以一试～

比如网上随便找某高校 C 语言试卷上的一道选择题：

以下程序运行结果是(　　　　)。

```
main()
{
int   a[2][3]={1，3，5，4，7，6}，i，j，b=a[0][0];
for(i=0; i<2; i++)
   for(j=0; j<3; j++)
      if(b<a[i][j])
         b=a[i][j];
printf( "%d\n" , b);
 }
```

(A) 5　　(B) 7　　(C) 4　　(D) 1

答案是 B。先不管答案什么的，先看看这个代码的风格。

main 函数没声明返回值类型，好吧，即使按早期 C 标准函数返回值缺省默认为 int 类型的话(但如前面说，该规则在 C99 及后续标准中已不存在)，代码中也没有 return 语句返回值(好吧，还是没忍住插句话，其实优秀的现代编译器会在编译时自动帮你补上 return 这句话，但在试卷上这么写，简直是误导新手啊)，同时定义的变量名也没实际意义。好吧，不在意这些细节。那初始化和定义这么混杂在一起真的好吗？最最要吐槽的是 for 循环和 if 语句这样毫无层次感和归属感的排列是要闹哪样啊……加几个花括号很难吗？

其实原卷上的样子比我上面的更惊悚，是这样的：

31．以下程序运行结果是____B____。

```
    main()
{int a[2][3]={1,3,5,4,7,6},i,j,b=a[0][0];
 for(i=0;i<2;i++)
  for(j=0;j<3;j++)
   if(b<a[i][j])
    b=a[i][j];
 printf("%d\n",b);
}
```

（A）5　　（B）7　　（C）4　　（D）1

哦，如果你觉得这还能够接受，for 语句嵌套也还能看出范围，那再看看同张卷子上的这个：

3．计算数组中元素的平均值。

```
     main()
{float  average(int  a[]);
  int  a[10],i;
  float  aver;
  for(i-0;i<10;i++)
  scanf("%d",&a[i]);
  aver=__average(a)__
  printf("average  is  %6.2f,aver);
}
float  average(int  a[])
{
  int  sum=0,i;
  float  aver;
  for(i=0;i<10;i++)
  __sum=sum+a[i]__
  aver=sum/10;
  __return  aver__
}
```

好了，现在请问试题中下面这个 for 循环到底至哪句话截止咧？(囧)

```
for(i=0;i<10;i++)
scanf(“%d”,&a[i]);
aver=  average(a)
printf(“average  is  %6.2f,aver);
```

代码风格已经在前面提过了，为什么还要把这个单独拿出来说？因为最近看有些同学在刷什么“C 语言试题集锦”，然后很骄傲的来跟我说自己对 C 从此有了“全新的认识”。我看完他们那代码后只能扶额了……如果你把这些风格作为样本致力于如何写“标准的代码”的话，那真将会是一个悲剧。所以，这种应试可以，可不要养成习惯哦～

1.7 要避免进入 C 语言标准的“灰色地带”

要说 C 语言标准的灰色地带，就要先来看看 C 语言都有哪些标准。

C 语言从面世至今已经经历了很多次标准更新，1978 年，Dennis Ritchie 和 Brian Kernighan 合作推出了《The C Programming Language》的第一版(该著作简称为 K&R)，书末的参考指南(Reference Manual)一节给出了当时 C 语言的完整定义，成为那时 C 语言事实上的标准，人们称之为 K&R C。从这一年以后，C 语言被移植到了各种机型上，并受到了广泛的支持，使 C 语言在当时的软件开发中几乎一统天下，K&R C 也成了第一个被大众认可并广泛采用的 C 语言标准。时过境迁，K&R C 标准虽然现在仍有少量编译器支持，不过已经退出历史舞台。就如同我们早已不使用文言文写作、交流一样，K&R C 标准就仿佛是 C 语言的“文言文”时代，其部分语法风格已经与今天的 C 语言有了较大差异。

“文言文”时代的结束就预示着“白话文”的产生。随着 C 语言在多个领域的推广、应用，一些新的特性不断被各种编译器实现并添加进来。于是，建立一个新的“无歧义、与具体平台无关的 C 语言定义”成为越来越重要的事情。1983 年，ASC X3(ANSI 属下专门负责信息技术标准化的机构，现已改名为 INCITS)成立了一个专门的技术委员会 J11(J11 是委员会编号，全称是 X3J11)，负责起草关于 C 语言的标准草案。1989 年，草案被 ANSI 正式通过成为美国国家标准，被称为 C89 标准，也称做 ANSI C。C89 是到目前为止依然在普遍使用和获得编译器支持度较高的国际 C 标准，我们现在的 C 语言语法及编程风格绝大部分依赖 C89 标准。当然，我相信大家也都有听过另一个新标准：C99。它其实是 1999 年 ANSI 和 ISO 通过的新版本的 C 语言标准和技术勘误文档，它对 C89 的一些不足做出了修改，并且增加了很多新的语言特性(虽然很多到目前为止还没有被编译器在真正完全遵循标准的情况下支持)。不过，其实 C99 并不是最新的国际通用的 C 标准，最新标准是 C11，即 2011 年 ISO 通过的最新版本的 C 语言标准。然而这个最新标准十分尴尬，因为至今为止，各种 C 编译器都提供了对 C89 的完整支持，对 C99 只有部分编译器提供了部分或全部支持。以较为知名的 GCC 为例，虽然最新的 GCC(5.3)已经完全支持 C99 和 C11(虽然部分特性的实现并没有完全遵循标准)，而微软的 VS 则公开宣布不会支持 C99 及后续标准并推出了 VS 自己的标准。由于这样那样的原因，C99 推广到目前都还差强人意，而最新的 C11 标准尴尬地处在“名存实亡”的状态。到目前为止，较常用到的标准还是 C89 和 C99。所以我们接下来所说的标准“灰色地带”就以这两种标准为例。

所谓的标准的“灰色地带”指的是标准中没有明确规定的部分。比方说对空结构体变量大小的判定，就没有明确规定(这个将在 2.14 节中进行实验)。或许这样的“灰色地带”不多，但却有一些可能是相对常用、几乎每个程序员可能都没法避开的。比方说 C 语言中的“++”、“--”即自增自减运算符，我们知道对于一个变量，对其使用一次自增或自减运算符，相当于对这个变量加 1 或减 1，即 i++可以理解为 i+1。然而由于 C89、C99 对于多个自增自减运算的混合运算顺序是没有明确规定的，因此类似于下面这样的运算将会获得十分诡异的结果：

```
#include <stdio.h>

int main(void)
{
    int i = 5;

    printf("%d\n", (i++)+(i++)+(i++)+(i--));
    printf("%d\n", (i+1)+(i+1)+(i+1)+(i-1));

    return 0;
}
```

GCC 编译的运行结果：

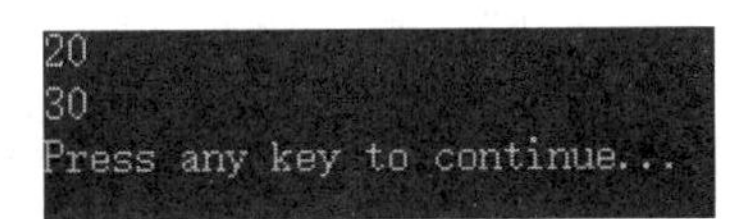

哎呀，如果根据我们刚才的说法，表达式(i++)+(i++)+(i++)+(i--)应该与(i+1)+(i+1)+(i+1)+(i-1)表示同一个意思，为什么结果不一样呢？

嗯，就是因为标准对于多个自增自减运算的混合运算顺序是没有明确规定的，所以(i++)+(i++)+(i++)+(i--)表达式在不同编译器中的实现方式不同，继而会得到各自不同的结果(本例在 GCC 和 VC++6.0 中运行结果均为 20)。这便属于标准的“灰色地带”，还是较为常用的那种。因此为了能够获得我们期望的结果，要尽量避免这样的“灰色地带”的运算方式，使用更为直白的表达可能会更好。

不过值得庆幸的是，随着标准的不断勘误和编译器的不断完善，这样的“灰色地带”将产生缩小趋势。但对于我们而言，为了代码的可靠性，还是要注意避免误入“雷区”哦～

第 2 章　从关键字说起

从这里开始，小贴士将会开始变少，变成不定时出现咯～嗯？为啥？因为大量精华已经融入在正文咯～^_^书侧留白可给你作为笔记之用～毕竟，总结成自己的，才是最珍贵的嘛～

2.1 C 语言的关键字还是 32 个吗？

先问你个小问题啊：

你知道 C 语言一共有多少个关键字吗？少数国内教材的函数附录上的 sizeof()到底是函数还是关键字咧？

其实 sizeof()绝对是个很委屈的关键字，因为好多人都把它当函数了。为什么咧？因为它有个括号。(囧)

C 语言里由 C89 标准定义的关键字总共有 32 个，一说到 32 就想到了中国好声音第一季里杨坤的“我今年有 32 场的全国演唱会”，比较好记。

先来看下 32 个关键字吧：

auto：声明自动变量，缺省时编译器一般默认为 auto。

int：声明整型变量。

double：声明双精度变量。

long：声明长整型变量。

char：声明字符型变量。

float：声明浮点型变量。

short：声明短整型变量。

signed：声明有符号类型变量。

unsigned：声明无符号类型变量。

struct：声明结构体变量。

union：声明联合数据类型。

enum：声明枚举类型。

static：声明静态变量。

switch：用于开关语句。

case：开关语句分支。

有人可能会问为啥有些语言不需要关键字，像 javascript，只要用 var 声明变量而 php 可以直接使用任意变量，这就要说，强类型语言与弱类型语言的差别了。

强类型语言要求所有变量必须规定变量类型，而弱类型语言则由语言解释器本身管理类型，使用者可直接使用无需声明变量类型。

default：开关语句中的“其他”分支(在所有case都不满足时默认执行的语句)。

break：跳出当前循环。

register：声明寄存器变量。

const：声明只读变量(C++里也很常见)。

volatile：说明变量在程序执行中可能被隐含地改变，所以每次都要重新取值。

typedef：用以给数据类型取别名(当然还有其他作用)。

return：子程序返回语句。

extern：声明变量是在其他文件正声明(也可以看做是引用变量)。

void：声明函数无返回值或无参数，声明空类型指针。

continue：结束当前循环，开始下一轮循环。

do：循环语句的循环体。

while：循环语句的循环条件。

if：条件语句。

else：条件语句否定分支(与if连用)。

for：一种循环语句(估计也是最常用的循环语句)。

goto：无条件跳转语句。

sizeof：计算对象所占内存空间大小。

现在市面上的C语言类书籍估计大部分就到这32个关键字便戛然而止。其实之后的C99标准中又添加了5个新的关键字，因此C语言现在有了37个关键字。

新增的5个关键字如下：

inline：用来定义内联函数。

restrict：只用于限定指针，用于告诉编译器所有修改该指针所指向内容的操作全部都是基于该指针的，即被该类指针指向的内容只能通过该指针修改。

_Bool：用于表示布尔值。

_Complex：复数类型，表示复数，包括一个实部和一个虚部。

_Imaginary：虚数类型，表示复数虚部，且只有虚部没有实部。

至此，C语言的37个关键字已经全部展示完毕。

接下来这一章将会逐一介绍这37个关键字并主要讲解常见常用关键字，按常用度和难度梯度排序，并且在其中穿插我自己的一点点思想和一些比教材更深层次的东西，让你在理解的情况下学会它。毕竟，只有理解了，才能记得牢嘛。我会尽量把这些东西讲得简单有趣，避免教材那种说教语气啦～

不过在此之前，有个东西得先讲清楚，详见下节。

2.2 声明和定义

什么是定义？什么是声明？它们又有何区别咧？这是很多教材一直忽略不讲或仅有提及但其实很重要的知识点。

简单举个例子：

int a；和 extern int a；

这里前者是定义，后者是声明。

extern 关键字说明第二个整数型变量 a 是在别的文件里定义的，在现在这个文件里声明它是为了以后使用，编译器在看到这条语句时会去那个定义了它的文件中找到相关内容直接引用，而不会为这个变量重新分配内存空间。

而第一个 a 变量是定义了一个新变量，编译器会为它创建新对象命名为 a 并分配内存空间。这个名字一旦和这块内存匹配起来，它们就同生共死，终生不离不弃(这还真是极好的)^_^，并且这块内存的位置也不能被改变。

也就是说定义是产生了新的变量或对象，而声明是告诉编译器：我已经是定义过了，在这里只是描述一下我的定义。定义只能出现在一个地方，声明可以多次出现。

定义其实相当于特殊的声明，只是它为对象分配了内存，而声明只是描述了一个非自身的在其他地方创建的对象。

说到内存分配，就要好好讲讲喽。这里讲透了后面很多东西(尤其是指针、结构体那一段)将会非常好讲，也非常好理解，你就不会再问为什么在函数中引用指向数组、结构体、共用体的地址时不用加“&”这样的问题啦。

如果上面的声明和定义还有点乱的话，没关系，好好看一下接下来的两节，再翻回来，你就会豁然开朗啦。

2.3 C 语言程序的段内存分配

说好的关键字呢？咋又突然变成内存分配啦？嘿嘿，别急，就像我说过的，我想用不同于普通教科书的方法来教你，而是用一种内力提升式的手段让你快速掌握C语言。而能做到这个的前提之一就是把教科书不讲，甚至90%的进阶书籍不敢细讲的内存分配讲出来，后面很多让你不知其所以然的东西都会迎刃而解。

首先要知道一个由C/C++编译的程序占用的内存主要为以下几个部分：

(1) 栈区(stack)：由编译器自动分配释放，存放函数的参数值、局部变量的值等。其操作方式类似于数据结构中的栈。

(2) 堆区(heap)：一般由程序员分配释放，若程序员不释放，程序结束时可能由系统回收。它与数据结构中的堆是两回事，分配方式倒是类似于链表。(数据结构中的堆实际上指的就是满足堆性质的优先队列的一种数据结构)

(3) 全局区(静态区)(static)：全局变量和静态变量的存储是放在一块的，初始化的全局变量和静态变量在一块区域：未初始化的全局变量和未初始化的静态变量在相邻的另一块区域，程序结束后由系统释放。

(4) 文字常量区：常量字符串就是放在这里的，程序结束后由系统释放。

(5) 程序代码区：以二进制形式存放函数体的代码，函数体代码就是我们自己定义的那些函数的实现代码。

光文字说话太无力啦～图 2-1 可以让你更形象地理解它。这张图后面将会出现很多次。

这张图后面将多次出现，说明理解这几部分是很重要的哦^_^

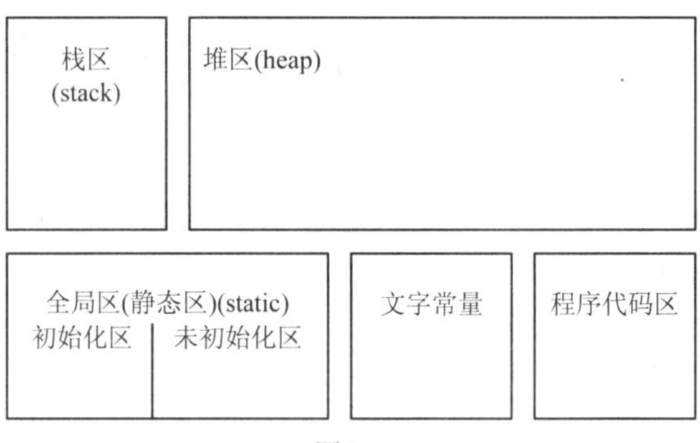

图 2-1

下面这段代码是网上某位前辈写的，非常详细。在这里就拿这段代码进行分析：

```
//main.c
int a = 0; //定义于 main 函数之外，属于全局变量，位于全局初始化区
char k; //定义于 main 函数之外，属于全局变量，位于全局未初始化区
int main()
{
```

```
    int b; //位于栈
    char s[4] = "abc"; //位于栈
    char *p, *p2; //位于栈
    char *p3 = "123456"; //123456\0 在常量区，p3 在栈上
    static int c = 0; //全局(静态)初始化区
    p = (char *)malloc(10);
    p2 = (char *)malloc(13);
    //p、p2 在栈上 分配得来的 10 和 13 字节的区域就在堆区
    strcpy(p1, "123456"); /*123456\0 放在常量区，编译器可能会将它与 p3
所指向的"123456"优化成一个地方。*/
    return 0;
}
```

把以上程序形象化就是图 2-2 所示的样子(尚未初始化的变量其内容在理论上为随机值，这里以“？”表示)：

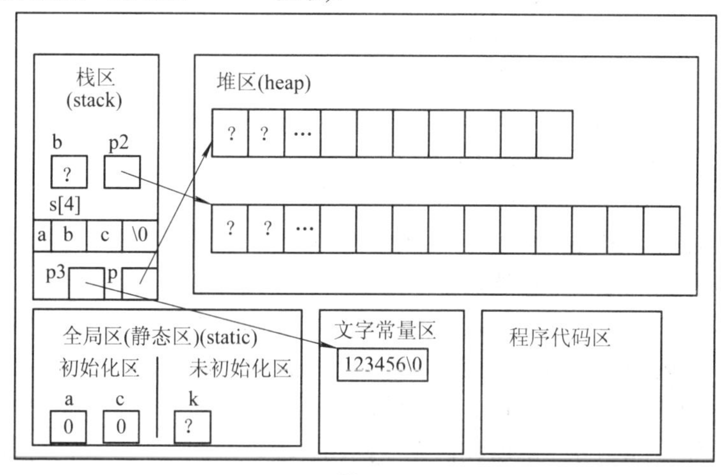

图 2-2

图 2-2 里其实有个误区，就是栈区的画法。栈区是一种“后进先出”的内存空间，在数据结构中有一种和它用法类似的数据结构就叫做栈，因此其实在画栈区的时候更为形象的画法应该是如图 2-3 所示。

这里为了方便理解，对栈区的画法做了一定简化。真正根据刚才代码进行定义和入栈的话，b 将位于栈底，其上是 s[0]～s[3]，之后是 p、p2，最后 p3 位于栈顶。而且根据各变量的数据类型不同，占用的栈区内存空间大小也有所不同。图中栈区的空间分配为了便于理解没有十分精确地显示这些占用

的不同。

关于栈，在数据结构中也有一种后进先出的被称为“栈”的数据结构，感兴趣可以看看《脑洞大开——数据结构另类攻略》～

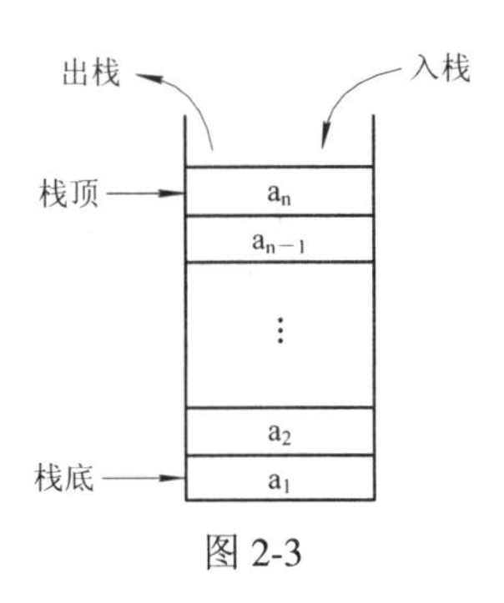

图 2-3

2.4 堆和栈的理论知识

栈上空间是由系统自动分配的。例如：声明在函数中一个局部变量 int b；系统自动在栈中为 b 开辟空间。只要栈的剩余空间大于所申请空间，系统将为程序提供内存，否则将报异常提示栈溢出。

堆空间需要我们自己申请并指明大小，在 C 语言中用 malloc 函数即可实现。

如：p = (char *)malloc(10);

p2 = (char *)malloc(13);

但是注意，p、p2 本身是在栈中的。

那为什么非要搞堆栈这两个东西咧？它俩又有啥区别咧？

就像图 2-3 所示的，栈的空间比较小。实际上，栈的大小在生成时就已经被编译器硬性规定为固定大小了。虽然栈的空间较小，但因为它是系统给它划分好的，里面的地址也都是连续的，因此读取速度较快。但是也是因为都是由系统分配划分，所以我们无法控制。而堆空间虽然我画的好像是完整的一大块，但其实它的地址很有可能是不连续的，因为堆区的空间并不是系统划分好的，而是在程序运行过程中动态申请的而且获得的空间由系统随机发放的。在我们向堆空间申请空间时，程序会向系统请求空间，系统会根据存储有空闲内存地址的链表(可以把它理解成一张写明还有哪些、多大内存是空闲的表格。上面的空闲内存地址是从系统各处收集来的，所以这些地址可能不连续)，根据请求的大小给你分配一段连续的符合你要求大小的内存空间。哎，等一下，刚才不是说过堆空间的内存地址是不连续的嘛，现在又怎么连续啦？是这样的，我们每次申请到的都是一块大小跟我们申请所需大小一样的自身连续的内存空间，但是每次申请的空间彼此之间可能是不连续的，因为这些空间都是系统手里那张表上的从各个地方搜集来的空闲空间。打个比方，你每次都向系统要了一块你要求大小的拼图，这块拼图本身是完整的，然后下次申请时它又给了你另一块大小符合你要求但是是从另一张图上拿下来的拼图，它也是自身完整的，但和你上次申请到的拼图却连不到一块去(能连上就怪了……从两张图上拿下来的～😁)，所以堆空间是由这样一些自身地址连续但总体又不连续的空间形成的，它可大可小，大可以达到你硬盘的 GB 级别(其大小受限于计算机系统中有效的虚拟内存，而虚拟内存是可以从硬盘上划分空间的)，但是因为它空间可能不连续，而且每次申请空间都要经过系统的动态分配过程，所以申请和读取速度较慢。而且不是每次申请都会得到满足，如果你要求的大小系统无法提供连续的空间，也就是空间不足，它会拒绝请求。一般系统空间不足我们就要小心了，这是一种系统资源即将枯竭的标志，应该立刻终止程序。

总结起来就是，栈空间是由系统自动分配，速度较快，但是无法完全控制其分配和回收的；而堆是由动态内存申请函数申请而分配的内存，一般由于种种原因，速度比较慢，而且容易产生内存碎片(因为你申请的大小并不一定刚好是那块空间的总大小，多出来那块如果不足以提供给其他程序，就会成为无法使用的内存碎片)，不过用起来最方便，受控制的程度较高，不过用完要记得使用 free 释放内存，否则会出现内存泄漏(这个后面 4.10 节会讲到)。

这两节我写的比较纠结，要考虑很多东西，在这里其实省略了很多细节，因为再讲多会更不好理解，所以只讲了现在需要的东西。

讲到这里再回头解释定义和声明就容易多啦～

还是当时那个例子：

int a；和 extern int a;

把它俩图形化一下就清楚区别啦(见图 2-4)，这里假设 int a 是在栈中的局部变量。

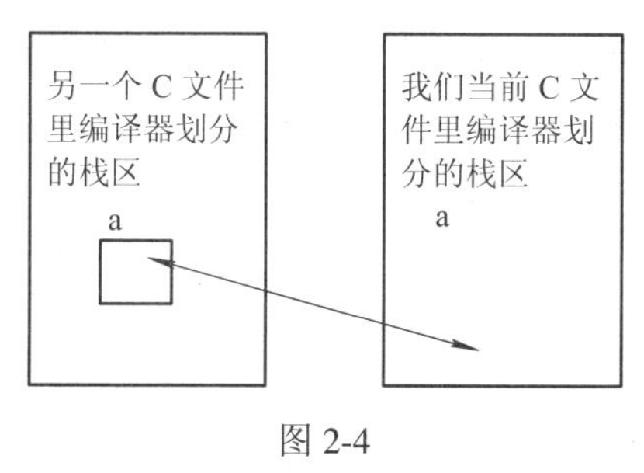

图 2-4

因为都是在栈里就只画栈区就够啦。

在编译器链接阶段，链接器自动将 C 文件中的 a 变量地址链接到其被定义的位置。

int a;是定义了一个整型的 a 变量，系统在栈里分配了空间并把地址命名为 a，从此地址和空间一辈子在一起。

extern int a;是声明了一个整型 a 变量，告诉编译器如果想用这个 a，就要去另一个文件的×××处找它的定义，并没有分配新空间(不过要记得被引用的变量 a 的链接属性必须是外链接(external)的，否则链接时会报错，至于什么是外链接将在 2.12、2.13 节介绍)。

发现没有，我刚才说定义 a 变量的时候说把系统分配给 a 的地址命名为 a？这句话其实很有深意哦，意思就是说其实从此刻起，a 就是这块内存的地址的别名啦，每次使用 a 这个字的时候，比方说 printf("%d"，a)；其实都是在调用 a 变量的地址里的值，假设那块内存地址是 100(虽然只是不大可能的，这里为了易于理解做了简化)，如图 2-5 所示。

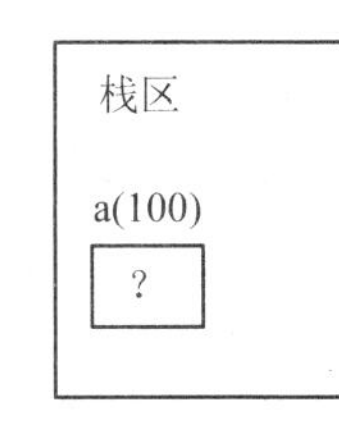

图 2-5

那么其实是这样的，想看到 100 的话就是用&a，即取 a 地址的“大名”了～为什么总要定义数据的类型(如 int double 等)呢？

解释一下，首先，因为 C 语言是一种强类型语言。所谓强类型语言就是任何变量在使用前都要定义其变量类型，因此一个程序在运行时将定义很多种变量类型，这样定义过后，编译器在编译时将尽可能地将同类型变量分配到相近地址区间上，以方便进行变量类型的分类、调用和管理。

《C 专家编程》也是一本很特别的书～虽然年代比较久远了，但是部分内容依然蛮有借鉴意义，值得一看。

其次，因为变量里的数据是以二进制记录的，编译器用不同的指令会解释出不同的结果。比方说《C 专家编程》(作者：Peter Vander Linder，人民邮电出版社)里这个经典例子：

01100111011011000110111101100010

对于上面这个二进制表示的 32 位数据，如果不规定数据类型，编译器使用 int double char 的编译指令将分别翻译出 1735159650、1.116533×10^24 和 glob 三种结果。

规定数据类型还有一方面便是为了让编译器知道该用哪种数据指令编译数据以免产生多义性。

明白了吧，知其然也要知其所以然，才能理解易学、融会贯通，这才是这本书的目的。

2.5 第一个关键字 auto

这估计是我最爱讲的一个关键字啦，没有之一～

因为它好简单啊，嘿嘿，你就无视它吧，因为编译器在默认的缺省情况下所有变量都是 auto 的。

好吧，2.5 节讲完啦～

2.6 基本数据类型、强制转换以及 signed/unsigned

C 语言中的基本数据类型有 short、int、long、cher、float 和 double。

这个……嘿嘿，老生常谈啦。

关于它们几个我想说的前面已经说过了，就是为什么要定义数据类型。

还需要说的就是在 32 位系统环境下：

char 类型变量占用内存大小是 1 字节(1 字节=8bit)。

short 类型变量占用内存大小是 2 字节。

int 类型变量占用内存大小是 4 字节。

long 类型变量占用内存大小也是 4 字节。

float 类型变量占用内存大小依然是 4 字节。

double 类型变量占用内存大小是 8 字节。

其中，char 类型代表字符型，即放入的内容将被认为是字符类型。同理 short、int、long 类型分别代表短整型、整型和长整型变量。它们都是表示整数类型的变量，只是占用内存的大小不同，所以表示范围的大小不同而已。

但是这里有个亮点是 int 和 long 虽然变量类型不同，但是占用的空间一样。也就说理论上其可以表示的数据范围也是一样的。那怎么能体现出 long 的“长”整型特性呢？

嘿嘿，人家 long 有个特殊技能：自身叠加，即 long long 类型。这种类型在 32 位环境下定义时，编译器将为其分配 8 字节的空间，即原 long 类型的 2 倍～

顺便一提，在一些早期代码中还可能会出现类似 long int 这种写法。这种写法其实是为了在早期编译器或其他系统环境中将其与 int 区分，因为在早期编译器或其他系统环境中，int 默认是 2 字节大小的，和 short 一样 也称

short int(其实在所有现行标准中也从来没有规定过说 int 一定要比 short 长或者要比 long 短，一般是 long >= int >= short)因而当时会出现 long int 这种写法。这种写法定义的变量理论上就是指的现在的 32 位系统环境下的 int 变量，因此也就可以弃用了。

而 long long 类型是被 C99 标准承认的变量类型，在计算某些数量级较大的数据时(比方说 acm 竞赛题的一些变量数据)将会用到这种 long long 型变量。

正常编程中，一般 int 就可以满足要求喽。

跟整型数据类型有关的还有两个关键字：signed 和 unsigned。

所有的整型类型都有两种变体：signed 和 unsigned。有时候，代码功能要求整型变量能够存储负数，有时候则不要求。这时候就可以通过这两个关键字来构造更适合当前代码情况的整型变量：被 signed 修饰的整型变量既可以表示非负数也可以表示负数；而被 unsigned 修饰的整型变量则只能表示非负数。由于 signed 和 unsigned 整型变量占用的内存空间大小相同，而 signed 整型变量的部分存储空间被用于存储指出该变量是为正还是为负的信息(一般是留了一个 1 bit 的标志位表示数据正负)，因此 unsigned 整型变量能存储的最大值为 signed 整型变量能够存储的最大正数的两倍，可以使不需要表示负数的变量可以用来表示更大数量级的正数。比方说 short 类型变量占用两字节空间即 16 bit，所以 unsigned short 变量的最大表示范围是 2^16 次方即 65 536 个数，其取值范围是 0～65 535 这 65 536 个数；而 signed short(其实就是 short 编译器在默认情况下会将没有 unsigned 修饰的整型变量认为是 signed 类型)既可以表示正数也可以表示负数，因为要留出 1bit 来表示数据的正负(比方说以这个 bit 数值为 1 时认为表示的是负数，而以其数值为 0 时认为表示的是正数)，所以就只能分别表示 2^15 即 32768 个非负数或负数。表示非负数时取值范围是 0～32 767 这 32 768 个数，表示负数的时候则是 –1～–32 768 这 32 768 个数；所以 signed short 总的表示范围就是 –32768～32767。

而且值得一提的是，字符型变量的值实质上是一个 8 位的整数值，取值范围一般是 –128～127，因此 char 型变量也可以加修饰符 unsigned，被加了 unsigned 关键字之后的取值范围是 0～255。

浮点类型在存储时的方式很特别哦～感兴趣可以去了解一下～

最后再简单说说 float 和 double 类型变量。它俩都是用于表示小数(浮点)类型的变量。和整型变量类似，float 和 double 的区别在于它们所占用的内存大小不同，所以可以表示的数据范围也不同，其中 double > float。但是在运算时，其实所有的 float 类型都会被转换成 double 类型进行计算，并且计算结果也是 double 类型，之后再将结果赋值给 float 类型变量。

这就引出了一个 C 语言中的类型强制转换的问题，下面作一简单介绍。

简单说来，C 语言的强制类型转换可以分为人为的强制类型转换和编译器自行优化的运算时自动类型转换。但无论是哪种转换，都只是为了当前运算的需要而对变量的数据长度进行的临时性转换，并不会改变对该变量定义的类型。

接下来就分别介绍这两种转换。

人为的很好说，就是在原类型前面加个括号，里面写上你想让它转换成的类型，它就会展示给你那种类型。比方说：

```
int main()
{
   float f = 6.88;
   printf("(int)f = %d, f = %f/n", (int)f, f);
   return 0;
}
```

输出的结果将会是 6 和 6.88，也就是说，f 在被作为整型输出的时候临时性的“舍弃”了其小数点后面的内容，但它本身的数据类型和数据都没有变。

说完了人为的，再来看看自动的。

自动转换又可以分成必须转换和选择性转换两种。其中，刚才提到的 float 类型在运算时会自动转换为 double 类型，并且结果也是 double 类型，这种情况就属于必须转换。除了 float 类型，char 和 short 类型在运算时也都会被执行必须转换，即强制将它们转换成 int 型变换，再代入进行运算，运算结果也是 int 型，然后再将运算结果赋值给原类型变量。

除去必须转换的类型，剩下的变量类型执行选择性转换，例如，signed int 类型遇到 unsigned int 类型时，会自动转换为后者，而 int 或者 unsigned 如果遇到了 long，则会被转换成 long 再进行运算；而无论是 int、unsigned int 还是 long，如果遇到了 double 类型(刚才也说过 float 运算时必须被转换成 double)，则都会被转换成 double 类型再运算。简单地归纳，精度不同的数据类型一起运算时，都须将低精度的数据类型转换成高精度的数据类型后再一起计算，这就是自动转换中的选择性转换。

好吧，我知道你一定会问为什么。你想啊，在运算的时候最重要的是什么？对，是精确～所以如果遇到了参与运算的变量的数据类型的精度不同，如果不全部转换成这些变量中数据类型精度最高的那个，必定会造成部分高精度类型变量的数据舍弃，也就是我们常说的精度缺失，这就会影响到运算的精确性。所以在遇到数据精度不同的数据类型一起运算时，必须将数据都转换成精度最高的那个数据类型后再计算，以尽可能地保证结果的精确性。

2.7 最不像关键字的关键字 sizeof

嘿嘿，虽然现在经常用这货，但说真的，最早的时候我也以为这货是个函数……主要原因还是因为它带个括号(囧)

sizeof 的主要功能就是用于计算变量所占内存的长度，以字节为单位，比方说：

```
int i;
sizeof(i);
```

就是在计算 i 所占用的内存空间大小，在 32 位系统环境下结果应该是 4 字节。其实 int i；sizeof(i);可以写成 int i；sizeofi;的，但是不加括号的话有一定限制性。比如 sizeof(int)是合法的，用来计算 int 数据类型的长度符；但是 sizeofint 是非法的，会被认定为一个没有定义的变量。所以建议一切用 sizeof 的地方，都还是乖乖加括号吧～

实际上 sizeof 计算对象的大小也是转换成对对象类型的计算，也就是说，同种类型的不同对象其 sizeof 值都是一致的。所以上面那个例子里 sizeof(i)和 sizeof(int)其实结果是一样的。

sizeof 另一种常用方法是计算数组长度，比如：

```
#include<stdio.h>
int main(void)
{
    int i, flag;
    char ch[] = "abcde";
    flag = 0;
    for(i = 0; *(ch+i) != '\0'; i++)
    {
        flag++;
    }
    printf("%d %d", flag, sizeof(ch)/sizeof(char));
```

```
    return 0;
}
```

这里输出时 flag 的值为 5，而 sizeof(ch)/sizeof(char)结果为 6。因为在这里循环语句在*(ch+i) =='\0'时就停止了，并没有计算终止符所占用的空间而算；而 sizeof(ch)/sizeof(char)包含了终止符所占用的空间，也就是数组的长度。

这个也可以用于解释 strlen()函数计算字符串长度的结果要比 sizeof 计算结果小 1 个字节的原因，因为 strlen()函数也是不计算'\0'所占空间的。

sizeof 这个关键字在后面讲 malloc 和 free 函数的时候将派上大用场，这里就先不剧透喽～

2.8 好恋人 if else

这绝对是最好的一对恋人，没有之一。人家已经缠绵到不仅有 if…、else…还搞出 else if 这种有爱的语句呢

先从 if 开始说起吧。这货主业就是判断或比较，但是你知道吗，很多时候我们习惯写的那种比较方法是不规范甚至是错的。

不信？那我考考你啊，如果分别将 int 型变量、double 型变量和指针变量的值与零值做比较，你会怎么写啊？

假设三个变量吧：

```
int flag;
double num;
void *p; //空类型指针，使用时可以对其根据需要进行类型的强制转换
```

你会分别如何将它们与零值比较咧

我猜会是这样：

```
if( flag == 0);
if( num == 0.0);
if ( p == 0 );
```

我猜的对吗？嘿嘿，其实这三种也是我曾经的下意识写法不过我得负责任的告诉你，这三种中，后两者是错的。

整型变量与零值比较时，应当将整型变量用“==”或“！=”直接与 0 比较，也就是第一种写法。有些人建议将它写成 if(0 == flag)；这么写的好处是可以防止自己少打个等号变成赋值语句。因为对于编译器来说，flag = 0 是

合法的，而 0 = flag 则是非法的。但怎么说呢，这种写法我自己是习惯不了，如果你适应这种写法的话，用这种写法就更好啦。

对于浮点型变量与零值比较时，应该避免直接与 0.0 这种数比较。因为浮点型变量的标准定义是，在与 0 相差一定精度内的浮点数均可以视作零值，而这个精度是根据不同需要自行设定的，无论是 float 类型还是 double 类型的变量都有精度限制，所以一定要避免将浮点变量用“==”或“！=”与数字比较，应该设法转化成“>=”或“<=”形式。

假设浮点变量的名字为 num 应当将

```
if (num == 0.0);        // 隐含错误的比较。
```

转化为

```
if ((num >= -EPSINON) && (num <= EPSINON));
```

其中 EPSINON 是允许的误差(即精度)。

说完前两种，该说指针啦。

指针变量的零值是“空”(记为 NULL 表示这个指针哪也不指)，尽管 NULL 的值在宏定义中与 0 相同，但是两者意义不同。

```
if (p == NULL);            // p 与 NULL 显式比较，强调 p 是指针变量
if (p != NULL);
```

不要写成

```
if (p == 0);               // 容易让人误解为 p 是整型变量
if (p != 0);
```

可能你会问，那对于整数型变量，能不能用 if(flag)和 if(!flag)来判断条件是否成立呢？

答案是可以。因为 if()判断时只是判断其内语句是否成立，成立就会返回个非零值给 if，if 语句就会执行相应操作。所以如果 flag 为非零值，if 就会成立，反之如果 flag == 0，那么 if 就不成立。

但是在 C 语言里不建议这种写法。为什么呢？

因为在 C 语言中直到 C89 都还没有布尔(bool(C++)或 boolean(java))类型变量，布尔类型变量的特点是“非 0 即 1”，也就是说它只有这两种状态。所以在 if 语句中，一般只有布尔类型是直接使用 if(flag)和 if(!flag)来判断条件是否成立的。所以如果别的类型的变量这样写会给人一种它是布尔类型变量的错觉，使代码可读性变差。当然，这样写本身在编译上是没问题的，只是不推荐而已。只是因为学校从来不会告诉你什么可读性，所以在这里提醒你下啦。

而且这个布尔变量类型在 C99 中已经引入(详见本章 2.19 节)。对于该类

型的 if 判断就可以使用类似 if(flag)和 if(!flag)语句来判断条件是否成立。

说完 if，该让它的好恋人 else 登场啦～

因为 if else 这对好恋人非常亲密，所以在代码里总是会一起出现。但这时候就有一个问题了，如果多对 if else“缠绵”在一起，应该怎么判定谁和谁是天生的一对呢？

比方说：

```
if(…){…}; //为了省地方，花括号就不另起一行啦
else if(..){…};
if(…){…};
else if(..){…};
else{…};
```

这种情况下，最后这个 else 到底是与哪个 if 配对呢？人家感情那么，我们可不能把它们“乱配”哦。

在 C 语言现行几个标准里都是这样定义的：else 永远属于在它上面的离它最近的 if 的。也就是说，只有那个离它最近的那个 if 才是“真爱”。

哎，等会儿，你确定是最近的那个 if 而不是最近的那个 else if？明明有个 else if 离它更近啊？嗯啊，我确定！因为 else if 语句已经是这对好恋人在一起的完全体了，人家已经“百年好合”啦，如果再给一个 else，不就是给人家添“小三”吗？

而且，为了让 else 更容易找到属于自己的 if，刚才的那段代码，应该这样写：

```
if(…){…}; //为啦省地方 花括号就不另起一行啦哈
    else if(..){…};
if(…){…};
    else if(..){…};
clsc{…};
```

这样子，我们的 else 就能一眼看到前面的 if 了，当然谁离它更近也就一清二楚了。

还有，每个 if、else if、else 语句后面，我都写了花括号，这是为了再次提醒你，如果你不加花括号，编译器会认为只有紧跟这些判断语句的第一句语句是判断成立后的操作，其他的都是一定执行的操作。结果……你懂的(囧)。

而且有了花括号，程序看起来也会更方便，花括号里的内容本身就是这些判断语句自身才能调用的，相当于它们自己的“小秘密”，用个花括号括

起来这样别人才看不到。

if、else 语句差不多就这些内容啦，希望它们可以一直这样亲密下去。

2.9 循环三剑客与它们的朋友：break、continue、goto 以及逗号运算符

for()、while()和 do…while()号称循环三剑客。说实话，真心想不出如果没有它们，循环应该怎么写。

三者中属 for 循环最常用，while 次之，do…while 基本上对于初学者来说不会用到甚至在学校的 C 语言课程考试中，对 do…while 循环语句的考核只考“do…while 循环与其他两种循环最不同的地方是什么？”答案是“无论怎样，do…while 里的内容都会至少执行一次。”

不过巧用 do…while 循环可以解决很多有难度的技术问题，比方说解决复杂的宏定义的二义性问题。不过那已经超出我们现在要讲内容的范围了，这里就不讲了，感兴趣的话可以自行百度(“do…while(0)的妙用”、“do…while 与宏定义”)。

说完了对我们而言最不常用的 do…while 语句，让我们再来看看“次常用”的 while 语句吧。

while 语句的语义是：计算表达式的值，当值为真(非 0)时，执行循环体语句，如图 2-6 所示。

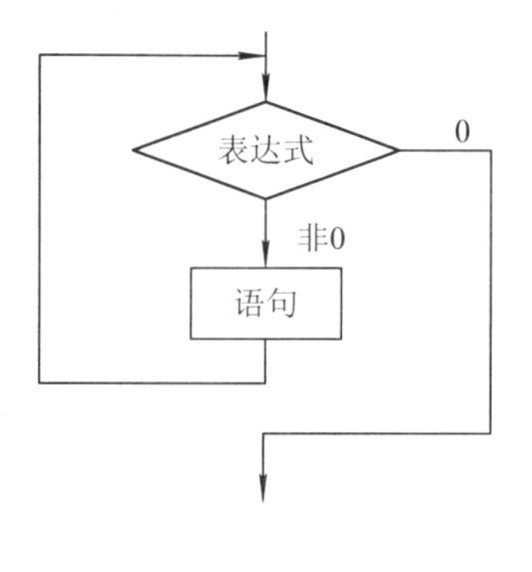

图 2-6

与 for 循环比起来，while 循环更适合于条件不确定的场合。相比于 for 循环，它所需的条件更少，只要一个。这点从它的括号里只容纳一条语句就能看出来啦。

比方说做无限次循环，循环次数就是个不确定的数，此时，用 for 语句表示，即 for(;1;)，而使用 while 语句只要 while(1)就行了。其实除了这点外，while 循环与 for 循环区别不大，在很多情况下都是可以轻松互换的，所以将 while 与 for 的一些共性特点都放在一起来说说。

最后值得一提的是，因为 while 更适合于条件不确定的场合，所以可能会被较多的用于空循环。所谓空循环指的是，直接在循环语句末尾追加分号的，没有附加操作需要在循环过程中执行的循环，类似这样：

```
while(flag != 1);
```

当然也可以等效成 for 循环：

```
for(; flag != 1; );
```

这两条语句的意思相同，即在 flag 变量不等于 1 时执行死循环，当 flag 变量值等于 1 后结束循环，这类的循环经常用于轮询或忙等之类的情况。而前面说过，因为 while 更适合于条件不确定的场合，所以可能会被较多的用于这类空循环。这样就会产生一个问题，即在代码中如何防止正常的循环语句因不小心多写个分号而变成空循环。而且如果在代码中写入了正确的空循环，又如何能够帮助使用者在使用这段代码时能更明确地知道这是一个正确的空循环而非无心之错？

很简单，使用 NULL 语句就好喽。

在使用空循环时，将循环语句写成：

```
while(flag != 1)
    NULL;
```

这样写其实完全等效于：

```
while(flag != 1);
```

但是可以很明确地表示这是一个有意为之的空循环而非错误，相反，如果代码中出现了没有加 NULL 的空循环，则可以肯定这是一个代码的编写错误(多写了一个分号)，因而极大地增加了代码的可读性和可维护性。

说到这里，读者可能会疑问：这个 NULL 加进去之后会不会影响编译？放心，NULL 的加入不会给编译带来任何麻烦，编译结果也不会受到任何影响，但它却可以帮助代码更为清晰和易懂，何乐而不为。

上面说的这种 NULL 用法并不局限于 while 空循环，其他空循环也一样适用。也可以自由发挥用在其他的类似地方，当然，前提是对你有利。

while 要说的就这些了，接下来一起看看“人气最旺”的 for 循环语句。

for 语句的执行流程如图 2-7 所示。for 语句的括号里有三个表达式，也就表明在执行 for 循环时它的判断流程将比 while 语句更加复杂，所以与更适合用于条件不确定场合的 while 语句相比，for 语句比较适合条件较明确的场合，比方说把变量 i 从 0 自增到 10。

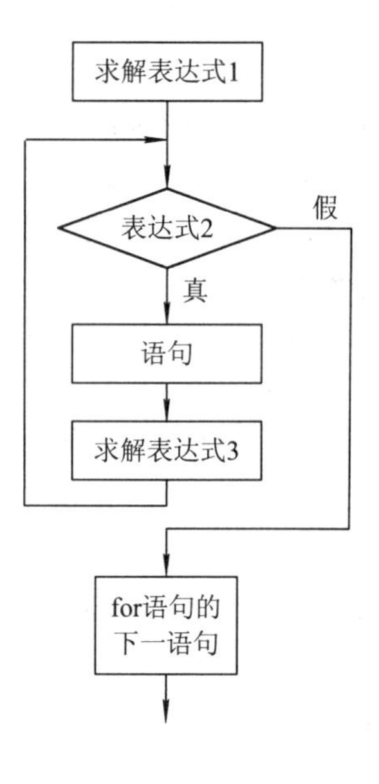

图 2-7

for 语句的基础用法估计你已经用得不错了，这里不再啰嗦重讲啦，如有疑问可自行查阅任意一本 C 语言相关书籍。

在此，重点考虑 for 语句使用的问题。比如，在多重循环中，如果有可能，应当将最长的循环放在最内层，最短的循环放在最外层，以减少 CPU 跨切循环层的次数，提高程序运行速度。

例如：

```
for (row=0; row<100; row++)
{
  for ( col=0; col<5; col++ )
  {
     sum = sum + a[row][col];
  }
}
```

把长循环放在了外层，这样其实效率不及把内外层颠倒一下，如下：

```
for (col=0; col<5; col++ )
{
  for (row=0; row<100; row++)
  {
     sum = sum + a[row][col];
  }
}
```

这两者看起来没啥大区别，但是如果将 100 改成 100000 或者更大，区别就明显了，后者的效率将是前者的数倍。当然，可能随着目前 CPU 运算能力的不断提升以及运存缓存读取速度的不断加快，这种效率上的微妙差距正在逐步缩减，但养成一个好的编程习惯还是十分必要的。

还有很重点的一点：不要试图在 for 循环体内修改循环变量，防止循环失控。例如：

```
int i;
for(i=0; i<10; i++)
{
    …
    i = 3;
    …
}
```

这段代码其实已经成死循环了，其原因请读者自己思考。

最后要说明的一点是，尽量不要强行往 for 循环中的判断语句块(即 for 循环括号里三句语句中的第二句)通过逗号“塞”更多的语句，如果真的要这样使用，注意你的逗号表达式写法以避免结果超出预期。

例如：

```
int i, j;
for(i=0, j=10; i<10, j>0; i++, j--){}
```

这种写法是完全合法可以通过编译的，但是这种通过逗号“强行塞入”多个语句在一定程度上增加了代码出错的风险。因为这样写其实是人为地加入了“，”逗号运算符，由逗号运算符连接的式子为逗号表达式，如上例中

```
i<10, j>0
```

就是一个典型的逗号表达式，逗号表达式的运算特点是先计算逗号左边表达式，计算完成后再计算右边表达式，并以右边表达式的结果作为整个逗号表达式的结果。如果是有多个逗号连接的长逗号表达式，则一直按这个规则从左向右运算，以最右面表达式结果作为最终运算结果。

根据逗号表达式这个运算特点，上面这个循环中的第二句就很有可能产生莫名其妙的错误。因为 i<10，j>0 很多人可能会将其理解成与 i<10 && j>0 等效，但其实前面说过，逗号表达式以逗号右侧的表达式运算结果作为整个逗号表达式的最终结果。所以对于 i<10，j>0 这样的逗号表达式的最终有效结果是 j>0，因此 for 循环进行判断时，只会根据 j>0 是否成立来判断循环是否继续，i<10 这个判断条件在逗号表达式的影响下成了冗余条件。如果这里我们的本意是在 i<10 和 j>0 两个条件同时满足时才继续循环，即原意为 i<10

&& j>0的话，那么这里for循环的最终结果可能会产生与我们预期不符的微妙偏差，因此建议不要用这种写法。如果真的有多个条件需要加入到循环中，建议在时间复杂度允许的情况下使用循环嵌套或使用“与”(&&)运算符进行判断。当然，其实如果善用逗号表达式，在for循环中倒是可以省不少事情。比如说在 for 循环三个表达式语句中的第一句和第三句使用逗号表达式，可以简化很多不必要的式子，不过在对第二句中使用逗号运算符前务必斟酌好用法，避免与&&误用。

想知道该“著名下载软件”是谁吗？嘿嘿，我只能告诉你，据说它名字里有个“雷”字。

既然说到逗号运算符了，就多说一句吧。(传言某著名下载软件公司的招聘笔试题就喜欢考逗号运算符)

对于逗号运算符要了解的是它的运算优先级在所有运算符中是最低的，所以对于类似这样的式子：

(a = 5 * 6，3 * 3)

其实是一个赋值语句和一个运算表达式，结果为(a = 30，9)，整个逗号运算符的结果是9。

所以对于下面这样的赋值语句，结果将是截然不同的：

b = a = 6，3 * 3

b = (a = 6，3 * 3)

因为逗号运算符的运算优先级最低，所以在“b = a = 6 ，3 * 3”这个语句中，b = a = 6将先被执行，即a和b均被赋值为6之后再执行逗号右边的3 * 3 = 9，整个语句执行下来a和b值为6，逗号表达式对外的结果是9。

而第二个表达式

b = (a = 6 ，3 * 3)

由于括号的运算优先级最高，所以逗号表达式先被执行，其中最先被执行的是逗号左边的赋值语句a = 6，其次执行逗号右边的运算表达式3 * 3 = 9，至此逗号表达式执行完毕，对外结果为 9，因此对 b 的赋值语句就简化为了b = 9。

因此整个语句执行下来，“a = 6 b = 9”逗号表达式对外的结果是9。

说到这，就必须提醒一句，并不是所有逗号都是运算符。在C语言中，逗号既可以作为逗号运算符，又可以单纯作为一个分隔符，比如scanf、printf语句中的逗号就是单纯的分隔符而不是运算符。至于何时作为运算符何时作为分隔符是根据逗号被使用的具体环境决定的。比如说在变量定义、声明中的逗号、函数调用中的逗号一般都会被编译器看做分隔符，而出现在表达式中类似我们上面例子里出现的逗号，一般会被编译器看做是运算符。

说完逗号运算符后，我们再来接着看 for 这个关键字，在初学 C 语言的时候，大家也一定被老师叮嘱过：写 for 循环的时候使用的计数变量 i 一定要提前定义之后再使用，不能写类似

```
for(int i = 0； i < 10； i++)
```

这样的语句。

好吧，针对 C89 标准而言，老师们的说法的确是对的，因为当时的标准要求变量定义必须放在语句块的开头。不过在 C99 标准之后，变量定义不必非要放在语句块的开头了，因此对于 i 这种即用且用完即丢的计数变量，可以直接在 for 循环中定义并使用了。这样 i 变量的作用域和生存周期理论上就只在 for 循环之内，只对 for 有效，防止了外界对 i 的误操作。但是注意，因为有些编译器虽然支持变量定义不必放在语句块的开头，但对于 i 这样在 for 中定义和使用的变量作用域和生存周期并不只在 for 内，对外依然有效，也就是说没有完全遵循标准。

对于 for 这个关键字和其循环，我能想到的东西就这么多喽～😁

说完了循环三剑客，该说说它们的朋友 continue 和 break 啦～

break 关键字很重要，表示终止本层循环，当代码执行到 break 时，这层循环便终止了(记得是跳出离它最近的那层循环语句而不是 if 语句)。

如果把 break 换成 continue 会是什么样子呢？continue 表示终止本次(本轮)循环，当代码执行到 continue 时，本轮循环终止，进入下一轮循环。

例如：

```
int i；
for(i = 0； i<10； i++)
{
    if(i==8)
    {
        break；
    }
}
printf("%d"， i)；
```

结果 i 输出的值为 8，而不是 9 。因为循环在 i 等于 8 的时候就被 break 语句提前终止了。

```
int flag = 0;
int i;
for(i = 0; i<10; i++)
{
    if(i==8)
    {
        continue;
    }
    flag++;
}
printf("%d", flag);
```

输出的 flag 值会是多少咧？你肯定知道是 9，因为在 i 等于 8 时，if 语句条件成立，那次循环被提前跳出，实际只循环了 9 次。

其实为了使用 printf 函数，上面两个例子都应该加上 stdio.h 头文件。

因为 printf 和 scanf 函数是这个在头文件里定义的 C 语言本身并没有管输入和输出的关键字。

stdio 是“standard input & output”的缩写，即有关标准输入输出的信息。

在程序中用到系统提供的标准函数库中的输入输出函数时，应在程序的开头写上一行：#include "stdio.h"或者是#include <stdio.h>。两者的区别在于，前者编译器将直接去编程者设置的 include 环境变量路径即系统默认库里查找，后者将使编译器先查找当前文件的路径，再到编程者设置的 include 环境变量路径里查找。所以前者更适合编程者自己写的库，后者更适合自带标准库。

现在知道为什么我们每次写代码都要加上开头这一行了吧。同样如果要用到数学类函数，就要加上#include <math.h>。

C 语言的库函数文件很多，有兴趣的话可以自己去图书馆借一本《C 标准库》或者《C 语言参考手册》(原书第五版)，里面讲的很详细。

接下来剖析 goto 关键字，要讲这个 goto 就必须先讲一下什么是标签。

所谓标签，可以近似理解成我们日常中的即时贴。将它“贴”到某个位置作为一种标记，标签在 C 中是通过标签名+冒号表示的，即

标签名 ：

比如说声明一个标签名为 jump 的标签，那么声明方法为：

```
jump;
```

哎，发现没，刚才说命名标签的时候说的是“声明”而不是“定义”，知道为什么吗？对，因为标签本身并不需要内存空间，它只是一个标记，而 goto 的作用就是与标签搭配进行一个代码执行位置跳转，跳转到特定标签所在位置。比如：

```
void function()
{
    int flag;
    flag = 0;
jump:
    flag++;
    if(flag < 9)
    {
        goto jump;
    }
}
```

这样当 flag 变量小于 9 的情况下，代码都会跳转到 jump 标签位置重复执行，类似于一个循环语句。

说到这，就需要说说 goto 语句的作用域问题了。首先，标签是没有作用域的，但是 goto 只能跳转到当前函数内的标签位置。例如：

```
int test_i;
void function1()
{
    input:
    scanf("%d", &test_i);
}
void function2()
{
    goto input;
    printf("%d", test_i);
}
```

编译器将会报错，因为 goto 语句引用了不属于自己函数内的标签，超出了 goto 的作用域。

goto 一直以来是个十分纠结而又尴尬的关键字，因为它的出现可能既是福音，又是灾难。简单来说是因为它是一种可以对代码执行顺序进行跳步的关键字，而这种跳转很多时候可能是有隐患的，因为很有可能在不知不觉中跳过了或重复执行了重要的代码段，即产生所谓“多做之过”和“少做之过”。因此很多书籍上大肆宣扬“禁用 goto”，甚至还有的说“程序员的水平与其使用 goto 的频率成反比”。其实个人觉得不一定非要这样如临大敌，作为一个关键字，goto 不应该被这样过度妖魔化。首先在对付多重循环的跳出时，goto 就明显比 break 有更多优势，其次，在很多公开版 linux 源码中都不乏 goto 的身影，它在很多复杂算法中相比 while 一类的循环能更优雅简洁地解决问题。大家之所以反对使用 goto，其实理智地说是在反对 goto 的滥用。很多情况下 goto 语句不是最好选择，但是在对于某些特定方向，比如嵌入式 goto 却是很多问题的完美解决方案。所以，要不要用 goto 语句，要怎么用，不同方向不同习惯的人可能会有不同倾向性，不能一概而论，只能建议较为公众的用法：碰到多重循环跳出的时候，不妨试试 goto 吧～

2.10 “八爪章鱼”switch 和它的“爪子”case

嘿嘿，我比较喜欢把 switch 语句比作“八爪章鱼”，而 case 则就是它的“爪子”了。

if、else 一般表示两个分支或是嵌套表示少量的分支，如果分支很多的话，还是用 switch、case 组合吧。它的基本格式为：

```
switch(variable)
{
case Value1:
    //program code
    break;
case Value2:
    //program code
    break;
…
```

```
default:
    break;
}
```

这里要注意的是书写问题，在 case 和 default 后面紧跟的是冒号(:)而不是分号(;)，初学者最容易写错而导致编译报错。

还有就是每个分支结束之后一定要加 break 来跳出 switch 语句，否则语句会一直执行直到遇见 break(这个过程叫做 fall through，99%的情况下我们是不希望出现 fall through 状况的，然而却真有那么约 1%的场合用到了。)

如果把 case 比作章鱼的“爪子”，那么 break 就是这只“爪子”的尽头。

switch 的最后一个分支一定要使用 default 分支，即使程序真的不需要 default 处理，也应该保留语句，写成：

```
default:
    break;
```

这样做并非画蛇添足，它可以增加代码的可读性，避免让人误以为编程者忘了 default 处理，同时为日后的代码扩展提供方便。

悄悄告诉你，其实 default 语句并非必须放在最后，它可以出现在 switch 语句里的任何地方，不过为了看着方便，大家习惯把它放最后。

还有就是要记住，**case 后面只能是整型或字符型的常量或常量表达式**。(这三者都存在于内存的文字常量区，生存期很长，而不会像其他东西那样容易被销毁，可能可以使得程序错误率降低吧。黑体字后面这都是我猜的～～)

当有 N 种 case 出现时，应该将正常的 case 写一块放前面，异常 case 写一块接在正常的后面然后用注释注明。如果有使用频率问题，应该将常用的 case 放前面不常用的放后面。不过这个指的是有很多个 case 的情况下，例如，写驱动程序的时候，case 的数量动辄上百。

2.11　“只进不出”的 const

为啥说 const 是只进不出咧？

因为被 const 修饰的变量一定程度上其实就已经不算是变量啦，它有了另一个名字：只读变量。

从字面来看，只读变量不还是变量吗？非也～只读类型的变量或对象的值是不能被更新的，也就是说它的值一旦被设定，就不能轻易改变，所以说它是“只进不出”。

相传 const 推出的初始目的是为了取代预编译指令，并且消除它的缺点，同时继承它的优点。对于 const，比较常见的用法是修饰指针函数参数，防止参数内容在不应被改变的函数中被改变。

```
void function(const int *a)
{
    …
    a = NULL；//这里会报错
    …
}
```

上例中 a 指针在传入函数时被定义为 const 变量，所以在这个函数中，它的内容不可改变，因此上例会造成报错。这种保护机制就很好地保护了我们传入函数的形参在函数运算中不会被无意修改，保证了参数的正确性。

只读变量是可以定义数组长度的。好吧，我知道你们一定会说：“变量不能用来定义数组长度。”

C89 标准里的确不允许常类型变量或者变量当做常量使用，也就是说：

```
const int n = 5;
int a[n];
```

在 C89 标准的编译器下是不通过的。但是以下语句是合法的：

```
#DEFINE N 5
int a[N];
```

在现在的 C99 标准的编译器下已经没有这个限定了。因为在 C99 标准中已经允许使用变量来定义数组长度，我们可以随意使用只读变量甚至普通变量来定义数组的长度。

也就是说无论是

```
const int n = 5;
int a[n];
```

还是

```
int n = 5;
int a[n];
```

对于使用 C99 及其后续标准的编译器而言，都是合法的。实现这个的原理在于动态内存申请函数 alloca()，此函数将在 4.10 节进行详细介绍。

2.12 变量作用域与“外籍标签”extern

在讲 extern 和 static 这两个关键字之前，有必要先再回顾一下 C 语言的局部变量和全局变量。

其实 C 语言中的全局变量和局部变量很好理解。简单来说，定义在所有函数之外的便是全局变量，相对的，定义在函数之内的便是局部变量。

```
#include<stdio.h>

int test_i; // 全局变量，本文件内可用，整个工程内可见
double test_d; // 全局变量，本文件内可用，整个工程内可见

void foo()
{
    int test_i; // 局部变量，只在 foo 函数内有效
    double test_d; // 局部变量，只在 foo 函数内有效

    ……
}

int main(void)
{
    int test_i; // 局部变量，只在 main 函数内有效
    double test_d; // 局部变量，只在 main 函数内有效

    ……
}
```

全局变量那写的是“本文件内可用，整个工程内可见”，这里先留个伏笔。

这里出现了一个很有意思的事情，上述程序中把局部变量和全局变量定义时用相同命名，在调用的时候会不会有冲突呢？

答案很确定：不会。当全局变量和局部变量命名相同时，进入局部变量的作用域时全局变量会被暂时“屏蔽”，即操作会进行在局部变量而不是全局变量上。当局部变量作用域结束后，全局变量才会被解除“屏蔽”，这有点类似英语语法中的就近原则～

举个例子：

```
#include<stdio.h>
int test_i = 0；// 全局变量 test_i 赋值为 0
void foo()
{
    printf("%d\n"，test_i)；// 输出全局变量 test_i 的值
}
int main(void)
{
    int test_i；//定 义局部变量 test_i
    void foo()；
    test_i = 1；// 局部变量 test_i 赋值为 1
    printf("%d\n"，test_i)；// 输出局部变量
    foo()；// 输出全局变量
    return 0；
}
```

你猜猜两次输出结果分别是多少啊？答案如图 2-8 所示。

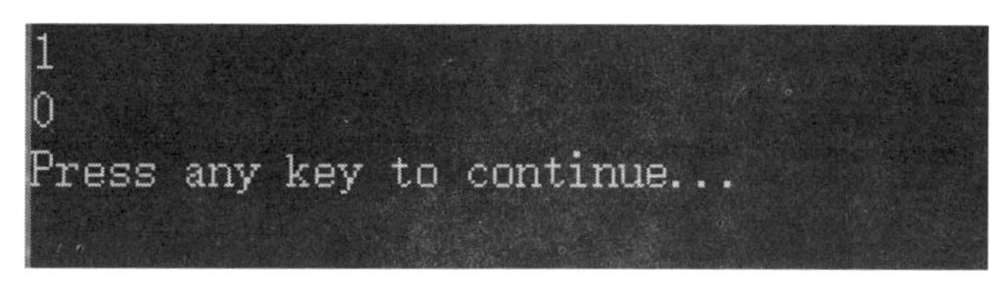

图 2-8

第一次输出的是 main 函数中的局部变量 test_i 的值，为 1；第二次输出的是 foo 函数输出的全局变量 test_i 的值，我故意在局部变量 test_i 被输出后才调用 foo 函数输出全局变量 test_i，很明显局部变量在 main 函数中被操作修改，而全局变量在 main 函数执行期间被“屏蔽”没有被操作。

这里说到了变量的作用域问题，就需要好好讨论一下了～

先从局部变量作用域说起吧～这类变量的作用域只在定义它的那个函数内，也就是从它被定义的位置起到定义它的那个函数的结束花括号为止，超过了这段作用域使用这个局部变量就是非法的行为。

例如下面这样的变量就属于局部变量：

```
int f1(int a) /*函数 f1*/
{
    int b，c；
    ⋮
}
```

其中的 a、b、c 变量都是属于函数 f1 中的变量(a 是形参，形参是归属于调用该形参的函数的。相对的，实参是归属于调用当前函数的主调函数或文件的。嗯？啥是形参和实参？别急，下一节就会讲到～所以都是 f1 函数的内部变量，即都属于局部变量。它们的作用域只在函数 f1 内，出了 f1 的{}范围便不再有效。

相对的，全局变量的作用域是整个文件，即从它被定义的位置起到文件末尾。这也是为什么要尽量把全局变量定义在最靠前的位置，为的就是方便整个文件中的各类函数对其进行使用而不报错(然而这项用法现在在 C99 标准中逐渐淡化，不过大家还是留有了这个习惯)。

科普之后，就可以正式开讲 extern 和 static 这两个关键字了。

extern，外面的、外来的意思，那它有什么作用呢？简单来说，就是告诉大家和编译器，它修饰的变量或函数是来自同一工程内其他文件的，是“进口”而不是“国产”的。

extern 可以置于变量和函数前，用在变量前表示变量的定义在别的文件中，用在函数前表示该函数全局可见(其实什么也不写也是全局可见，所以 extern 对于函数是属于冗余而无用的)。前面留过伏笔写过全局变量是“本文件内可用，整个工程内可见”，所以如果想在工程内其他文件中使用本文件的全局变量，就需要 extern 喽(其实并不是只有全局变量才允许使用 extern)。

归根到底，就像我们前面介绍过的，extern 是一种声明，它对于被声明的变量是一种引用关系，除了在定义了该变量的文件内可以对其进行赋值，其他文件使用 extern 声明该变量后也可读可写。常用将 extern 声明写在头文件，其他文件按需 include 该头文件的方法来使用 extern 关键字。

```
//test.h 定义 test 变量文件的头文件
extern  int  test;

//test.c  定义 test 变量的文件
#include"test.h"
```

```
int test = 10;

//otherA.c 包含 test.h 后可以使用 test 变量，可读可写
#include"test.h"

//otherB.c 包含 test.h 后可以使用 test 变量，可读可写
#include"test.h"

//otherC.c 包含 test.h 后可以使用 test 变量，可读可写
#include"test.h"
```

这里有一点要注意的是，使用 extern 时要记得被引用的变量 i 的链接属性必须是外链接(external)的，否则，虽然在编译时不会报错，但在链接时会因为找不到这个变量的引用源在哪而导致错误。

说到了外链接(external)，就有了一个到底什么变量的链接属性才是外连接的问题。这就要提到 static 这个关键字了～简单说，没有使用 static 修饰的变量在编译时都会被默认是外链接的，相对的，static 关键字则是内链接的标志，这个将在下一节介绍。

还有值得注意的是被引用的变量的作用域，即它到底能不能被引用到。如果被引用的这个变量是全局变量，那皆大欢喜；如果是局部变量，那就有可能会因为作用域的问题而无法被引用。而且在引用时其实是并没有“必须被引用为全局变量”这种规定的，也可以将其引用为局部变量，不过把它引用为局部变量时记得留意它的作用域，别在它失效后还使用它。

extern 引用函数和引用变量没有明显区别，如果文件 B.c 需要引用 A.c 中的函数，比如在 A.c 中原型是 int fun(int test)，那么就可以在 B.c 中声明 extern int fun(int test)，然后就能使用 fun 来做任何事情了。但前面说过，extern 对函数而言是冗余的，而且我们完全可以将函数声明在头文件中，再按需 include 而不需要使用 extern。

最后补充一个 extern 这个关键字在 C++里的一个小用法吧～

当 extern 与"C"一起连用时，就像这样:

extern "C" void fun(int a，int b);

这样子写是在告诉编译器在编译 fun 这个函数名时要按 C 语言的规则去翻译相应的函数名，而不是 C++的，因为 C++支持重载这类的特性，所以如果不这么写的话，这个函数的函数名将会按 C++的规则翻译，很可能会得到你意想不到的效果哦～

好吧，关于这个 extern 就先介绍到这喽～

2.13 不老实的 static

static，静态的意思。应该说它是 32 个关键字里比较名不副实的几个关键字之一了。因为它绝对没有看起来那样安静～

static 在 C 语言里是一个内部链接的标志，主要有两个作用。第一个作用是修饰变量，被修饰的变量又分为局部变量和全局变量，但它们都存在内存的静态区。

静态全局变量，作用域仅限于变量被定义的文件中，其他文件即使用 extern 声明也没法使用它。准确地说，作用域是从定义之处开始，到文件结尾处结束，在定义之处前面的那些同文件下的代码行也不能使用它，想要使用就得在前面再加 extern ***。所以如果真的要定义 static 类型变量，建议直接在文件顶端定义。

静态局部变量，即在函数体里面定义的变量，就只能在这个函数里用，同一个文档中的其他函数也用不了。

被 static 修饰的局部变量有一个很重要的特点：

因为它们总是存储在内存的静态区，所以即使拥有这个静态局部变量的函数运行结束，该静态变量的值还是不会被销毁。函数下次使用时仍然能用到这个值。

举个例子：

```
static int j;
void fun1(void)
{
    static int i = 0;
    i ++;
}
void fun2(void)
{
    j = 0;
    j++;
}
int main(void)
```

```
{
   for(k=0; k<10; k++)
   {
      fun1();
      fun2();
   }
   return 0;
}
```

猜猜 i 和 j 的值分别是多少呢？

答案是：j=1，i=10，而且 i 不能被 fun1 以外的函数读取，也就是说，如果在 main 函数里写个 printf("%d%d"，i，j)；程序编译时会报错说找不到变量 i，这就是前面所说的静态局部变量的作用域特点～

static 的另一种用法是修饰函数，在函数前加 static 使得函数成为静态函数。但这里“static”的含义不是像变量那样指存储方式，而是指对函数的作用域仅局限于本文件(所以又称内部函数)。这样做的好处是不同的人编写不同的函数时，不用担心自己定义的函数是否会与其他文件中的函数同名，因为即使同名别的文件也无权访问这个函数。

2.14 集结伙伴的 struct

struct 结构体是个很神奇的东西哦，它将一些看起来并不关联的东西集结在一起形成了一个互相关联的整体。

关于 struct，这里要单独讲的东西不多，有一点要注意的是在声明 struct 时，编译器并没有为其分配内存(前面讲过声明都是不分配内存的)，只有在定义了特定名字的结构体后，编译器才会为这个有名字的结构体变量在栈上分配空间。

```
#include<stdio.h>
#include<string.h>
int main(void)
{
     struct student
     {
```

```
        int number;
        double grades[5];
        char name[10];
    }; /*到这里只是声明有 student 这样一个结构体，编译器并没有为其分配
内存*/

    struct student stu1; //编译器为 stu1 在栈上分配内存空间
    stu1.number = 10;
    strcpy(stu1.name, "tom"); /*stu1 里的成员变量 number 和 name 内容被修
    改*/
    printf("%d\n", stu1.number);
    puts(stu1.name);
    return 0;
}
```

在这里要想引用 stu1 的成员变量的内容，就必须使用引用符号，引用符号可以是以下的任意一种：

stu1.number

直接访问，应用于普通的结构体变量。

stu1->number

*(stu1).number

间接访问，应用于指向结构体变量的指针，其中第一种更为常用和方便。

说到这，想问个问题：结构体占多大内存？是其成员所占内存之和？并不一定哦。这里就涉及了一个内存对齐问题，内存对齐问题讲起来比较复杂，它将涉及很多可能对新手而言相对晦涩的内容，就先不放在正文讲了。相关内容见附录 1。

嘿嘿，忽然又想到一个问题：那如果是空结构体呢？空间是多大？就像这样：

```
struct student
{
};
struct student stu;
```

sizeof(stu)的值是多少呢？是 0 吗？还是 1 呢？或者是什么数值？这个问题还真的不好说，我们来尝试一下～

```
#include <stdio.h>

struct student
{
};

struct student stu;

int main(void)
{
      printf("%d\n", sizeof(stu));

      return 0;
}
```

这段代码最终 GCC 编译运行结果是 0，如图 2-9 所示。

图 2-9

VS2013 编译运行结果报错，提示结构体不能为空，称值不能为 null，如图 2-10 所示。

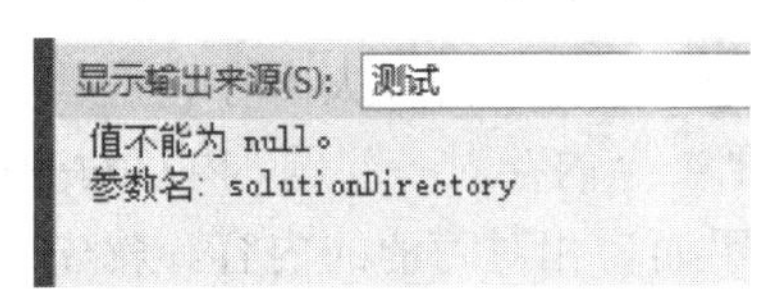

图 2-10

null 的一层本意即为 0，估计 VS 也是认定该结构体大小为 0。

VC++6.0 也无法通过该代码，编译运行结果如图 2-11 所示。

```
\Untitled17.c(5) : error C2059: syntax error : '}'
\Untitled17.c(7) : error C2079: 'stu' uses undefined struct 'student'
```

图 2-11

出现问题的两行分别是生命结构体 student 前的反花括号和定义 student 结构体类型变量 stu 时，即代码中加下画线的两行：

```
#include <stdio.h>

struct student
{
};

struct student stu;

int main(void)
{
    printf("%d\n", sizeof(stu));

    return 0;
}
```

由此可知，VC++6.0 认为是我们程序声明了一个没有成员的空结构体 student，因而不能识别该结构体 student 内的成员，且不认可该结构体类型。由此可见它是不支持空结构体的。

为什么同一段代码，会有这样不同的运行结果呢？

因为在 C 语言现行标准中，均没有明确规定空结构体的大小，因此不同编译器对空结构体都有各自不同的理解，这就是我们前面提到过的要竭力避免涉足的标准中的“灰色地带”。因为你无法预知在不同编译器下这样的“灰色地带”代码会产生怎样的结果，很有可能就会超出我们的预期。当然，现实中很明显不会有人去声明空结构体，知道有这回事并且避免自己这么写就好。

2.15 union 蜗居

union，意为联合体，这个关键字的用法与 struct 的用法非常类似。

union 维护足够的空间来置放多个数据成员中的“一种”，而不是为每一个数据成员配置空间。在 union 中，所有的数据成员共用一个空间，同一时间只能储存其中一个数据成员，所有的数据成员具有相同的起始地址。

这就有点好比好多人蜗居在一间小屋子里，屋子里只有一间卧室，所以每次只能有一个人去睡觉(每次只有一个数据成员的数据是有效的)，但是其他人也可以待在这个房子里的其他地方，不需要其他空间生存(多种类型共享同一空间)。

既然是卧室，大小就应该满足每个人的需求，所以卧室空间的大小是所有成员中长得最“胖”的那个的大小啦～

```
union friends
{
   int f1;
   double f2;
   char f3;
};
union friends friends1;
```

这里最“胖”的是双精度浮点类型的f2，占用8个字节，所以这个联合体的空间大小就是8个字节。

这里其实还有个内存对齐的问题，就是说编译器实际划分给它的内存必须是大小能被其包含的所有基本数据类型的大小所整除的数，因为union也是属于结构类型的关键字，所以需要内存对齐。具体的方法请参见附录1。

由此可见，union对象的大小必须满足两个条件：

(1) 大小足够容纳位宽最宽的成员。

(2) 大小能被其包含的所有基本数据类型的大小所整除。

你可能又要说啦，既然说它用处大，敢不敢举例说说为什么它用处大？

嘿嘿，好吧，那就举个例子～

union主要用来压缩空间，如果一些数据不可能在同一时间同时被用到，则可以使用union，这群蜗居的好朋友用处很大哦～

因为union型成员的存取都是相对于该联合体基地址的偏移量为0处开始，也就是联合体的访问不论对哪个变量的存取都是从union的首地址位置开始的，利用这个特性，我们可以判断当前系统存储方式是大端还是小端。

啥是大小端呢？别急，这就来说说～

所谓的大小端，指的是数据在内存中被存储的模式。在大端模式(Big_endian)中，字数据的高字节存储在低地址中，字数据的低字节则存放在高地址中；反之，在小端模式(Little_endian)中，字数据的高字节存储在高地址中，而字数据的低字节则存放在低地址中。

我知道如果这里不放个图你会疯掉，好吧，示例图来了(图2-12)。

我们都知道int类型变量在32位系统环境下占用四个字节，即32 bit，所以在int i = 1;时，这个i所占用的空间内容就是：

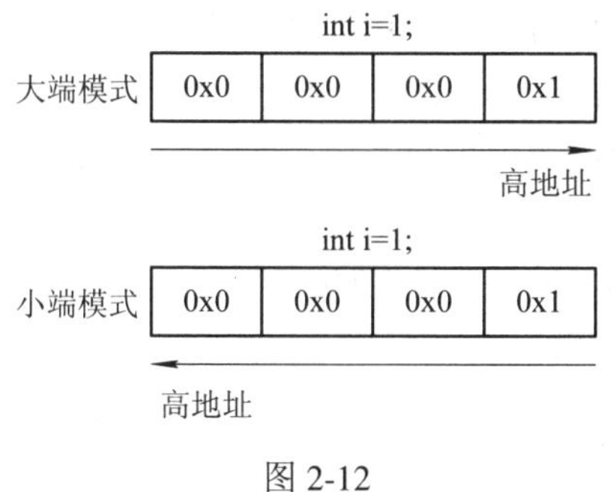

图 2-12

00000000 00000000 00000000 0000001

(1 字节)

→ 地址由高到低

而由于大小端的存储方式不同，所以如果是在大端模式下的存储方式是：

10000000 00000000 00000000 00000000

(1 字节)

→ 地址由高到低

而且由于 union 型的成员的存取都是相对于该联合体 offset(基地址的偏移量)为 0 处开始，也就是联合体的访问不论对哪个变量的存取都是从 union 的首地址位置开始，这样就有一个很好玩的事情会发生，就是如果是在大端模式下声明这样一个联合体并定义一个联合体对象 test_t：

```
union test
{
    int  a;
    char b;
} test_t;
```

然后将 test_t.a 赋值为 1 的话，那这个 test_t.a 在内存中就是这样的状态：

10000000 00000000 00000000 00000000

→ 地址由高到低

又由于 union 型的成员的存取都是相对于该联合体 offset(基地址的偏移量)为 0 处开始，所以如果你现在读取 test_t.b 的值的话，编译器会去读取下面画线那段大小为 1 字节的数据：

10000000 00000000 00000000 <u>00000000</u>

→ 地址由高到低

由于内容是 00000000，所以 test_t.b 的值会是 0。

但是反过来看，如果是在小端模式下，同样声明这样一个联合体并定义一个联合体对象 test_t，然后将 test_t.a 赋值为 1 的话，那这个 test_t.a 在内存中就是这样的状态：

00000000 00000000 00000000 0000001

————————→ 地址由高到低

如果现在再读取 test_t.b 的值的话，编译器会去读取下面画线那段大小为 1 字节的数据：

00000000 00000000 00000000 0000001

————————→ 地址由高到低

由于内容是 00000001，所以 test_t.b 的值会是 1。

很神奇对不对，这种情况出现的原因就在于大小端模式的数据存储方式存在差异，而 union 型的成员的存取永远都是相对于该联合体 offset(基地址的偏移量)为 0 处开始。因此我们可以使用这个方法来判断当前系统存储方式是大端还是小端，代码类似于这样既可：

```
int check ()
{
    union test
    {
        int   a;
        char b;
    }test_t;

    test_t.a = 1;
    return (test_t.b == 1);
}
```

这个函数将会在当前系统为小端存储时返回 1，大端时返回 0，函数本身很简单，这里就不详述喽～

哎，你可能会问了，一定要使用 int 和 char 这两个类型的变量来写这个函数吗？其他类型可不可以？嗯，不是不可以，只是可移植性可能会下降。如果将函数里 char 类型的那个变量换成 short 类型，在当前的 32 位系统环境下是可以的，因为按照我们刚才讲的那个例子：

```
union test
```

```
{
    int   a;
    short b;
} test_t;
```

将 test_t.a 赋值为 1 的话，那这个 test_t.a 在大端模式的 32 位系统环境下在内存中就还是这样的状态：

10000000 00000000 00000000 00000000

——————————→ 地址由高到低

不过因为 b 是 short 类型了，所以读取 test_t.b 的时候编译器会去读取下面画线那段大小为 1 字节的数据：

10000000 00000000 00000000 00000000

——————————→ 地址由高到低

取出来的值依然还是 0，没有变化；小端模式也是同理，不过取出的值是 1。

但说它可移植性低，原因在于就像我们讲过的，在某些系统环境下，int 会被编译成和 short 一样的只占用 2 字节的类型，这时 int 和 short 组成的联合体就只会占用 2 字节空间，使得 int 类型和 short 类型的变量读取出来的内容是一样的，就没有办法来做大小端判断了。

好吧，我知道你一定还想问我为啥不能用浮点类型来做这个 check 函数，这个原因很好解释。因为浮点类型数据在内存中的存储方式和整型完全不同，所以并不适用这种用法。感兴趣的读者可以自行去查一下整型及浮点型变量各自在内存中的存储方式，就会恍然大悟了～

2.16 枚举：百里挑一

枚举可能对很多初学者来说很陌生，其实如果学好了结构体和联合体，理解它就很容易，而且它本身也是个比较有用的数据类型。

其实所谓的枚举，简单说就是给你很多选项，把一串名字和一串整数值(注意，只能是整型数据)联系在一起，然后让你从中选择一个，也就是说你的值必须是它提供的这些中的一个，有点百里挑一的意思。

例如：

```
enum color
{
```

```
    GREEN,          // 注意是逗号不是分号哦
    RED,
    BLUE,
    GREEN_RED,
    GREEN_BLUE      // 最后一个没有句号，啥都没有哦
};                  // 这里有分号，和结构体一样
enum color colorone;
```

那么 colorone 的值就必须是 color 所提供的那些值中的一个。当然，至于你怎么选它就不管啦。

而且枚举类型有一个很有意思的特点，就是你可以只赋值其中一个成员的值，其他成员的值会自己自增一地赋值下去；如果你不给它们赋值，也就是缺省状况下，编译器会自动给它们从 0 开始自加一赋值。

例如这样：

```
enum color
{
    GREEN,          // 注意是逗号不是分号哦
    RED,
    BLUE,
    GREEN_RED,
    GREEN_BLUE      // 最后一个没有句号，啥都没有哦
};                  // 这里有分号，和结构体一样
```

那么，GREEN 对应的数值将会是 0，RED 为 1，依次类推 GREEN_BLUE 将会是 4。

而如果你对 GREEN 成员进行赋值，就像这样：

```
enum color
{
    GREEN = 1,      // 注意是逗号不是分号
    RED,            // 被自动赋值为 2
    BLUE,           // 被自动赋值为 3
    GREEN_RED,      // 被自动赋值为 4
    GREEN_BLUE      // 被自动赋值为 5
};
```

这样的话从 GREEN 到 GREEN_BLUE 的值依次是 1～5。

当然也可以从中间打断跳跃式赋值，如果从中间打断赋值的话，就会成这样：

```
enum Color
{
  GREEN = 1，
  RED，                      // 被自动赋值为 2
  BLUE，                     // 被自动赋值为 3
  GREEN_RED = 10，           // 人工赋值为 10
  GREEN_BLUE                 // 被自动赋值为 11
};
```

其中各常量名代表的数值分别为：

```
GREEN = 1
RED = 2
BLUE = 3
GREEN_RED = 10
GREEN_BLUE = 11
```

你可能会问啦～你讲了这么多，这个枚举类型到底是拿来干嘛的？有那么大用处吗？

当然有用处啦～枚举主要的用法是在某些情况下替代#define 的宏定义。

比方说我们前面那个例子：

```
enum color
{
  GREEN，              // 注意是逗号不是分号哦
  RED，
  BLUE，
  GREEN_RED，
  GREEN_BLUE           // 最后一个没有句号，啥都没有哦
};                     // 这里有分号，和结构体一样
```

就相当于是做了多个宏定义：

```
#define GREEN       0
```

```
#define RED          1
#define BLUE         2
#define GREEN_RED    3
#define GREEN_BLUE   4
```

由此可见，如果需要的常量比较多的话，使用枚举类型将会更方便和易于管理，否则可能会写#define 写到手抽筋。(囧)

当然，我这么说的意思也绝对不是说能用枚举的就不要用#define，其实二者各有优缺点。比如说宏定义可为多种类型的值，如字符串、整型、浮点型等，但是其本身不是类型安全的(所谓类型安全简单说就是对所操作的数据的类型是有明确的类型限定且不接受其他任何类型数据的一种机制，像#define 这种几乎支持所有类型数据且不会进行数据类型检查的就不是类型安全的，同样，返回类值为 void*类型的那些库函数，理论上也都不是类型安全的。嗯？啥是 void*？别急，后面会讲)～而枚举类型是类型安全的，而且条理性更清晰，但是只支持整数类型。二者最大的不同在于其执行时期和数据存储形式，#define 是在编译器编译前进行直接无条件替换，只占用代码段空间(就占用你写#define 的那几行)运行期间不占用系统 CPU 资源；而枚举类型是在运行时起作用，数据位于我们前面讲过的静态区，在相应数据被使用时将占用系统 CPU 资源。

同时#define 没有作用域，从它被声明的位置开始一直到文件结束都是有效的，而枚举类型有自己的作用域，例如：

```
void test1()
{
    enum Color
    {
        GREEN = 1，
        RED，
        BLUE，
        GREEN_RED ，
        GREEN_BLUE
    }
}
void test2()
```

```
{
    enum Color c1；//此处将报错 Color 的作用域只在 test1 函数内
}
```

执行上述代码，将会触发编译器报错说没有声明啥是 Color，因为例子中的 Color 的作用域只在 test1 函数内。

总结一下，就是如果要定义 n 多个常量或要定义有较大关联性的常量(比如像 type enum {FALSE，TRUE} bool;这样定义 bool 类型)时建议使用枚举，其余时候可以多考虑宏定义。

2.17 爱给人起小名的 typedef

typedef 是 type(类型)和 define(定义)的结合，听起来好像是用于定义新的数据类型，其实这个名字蛮误导人的。因为其实 typedef 本身并没有定义新的数据类型，而是给一个已经存在的数据类型取一个别名，这样与原来的名字相比，更能表达出想要表达的意思。

在实际中，为了方便，可能很多数据类型(尤其是结构体之类的自定义数据类型)需要我们重新取一个适用实际情况的别名，这时候 typedef 就有用啦。

typedef 的功能其实很强大，这里讲些简单的用法吧。

typedef 最简单的用法就是给人起“小名”的，如：

```
typedef XXX WWW，WWW1；
```

XXX 指代已存在的关键字名(几乎所有的关键字以及数组、函数都可以用 typedef)，WWW 是你要给它取的小名，如果不止一个，可以用逗号隔开。

例如：

```
typedef int num1，num2；
typedef char char1[20]，char2[20]；
```

定义变量时用 num1 a;或 num2 a;以及 char1 s;或 char2 s;即可。

如果不加 typedef 的话，后面 int num1，num2；的声明就表示定义了两个整型变量，但是加上关键字 typedef 后，它就不再是声明变量，而是定义了两个新的类型 num1 和 num2，在编译器眼里它们与 int 完全等价。

也就是说 int n = 100;与 num1 n = 100;以及 num2 n = 100;是完全等价的，感觉就像 typedef 给 int 起了两个小名：一个叫 num1，一个叫 num2。

当然，对于结构体那种数据类型也是可以用哒～

```
typedef struct{
   int num;
   char name[10];
} ST;
```

那么 ST 就完全等价于上面那个结构体：

```
ST s1;
s1.num = 90;
```

可能细心的同学已经发现，原来定义结构体的语句是这样的：struct student s1，而在这里直接使用 ST s1 就行了。这就是取小名的方便之处，既可以取更直观的名字(比方说将 int 取名为 zhengshu 就比原来直观，又可以少打字(定义结构体时只要写小名加创建名就行了)。

接下来看看 typedef 和#define 的区别，这个有点复杂，先简单讲讲。

这两者的不同首先就是执行时期不同，typedef 是在编译时执行，#define 则是在编译前执行。因而 typedef 可以进行类型检查而#define 不行，如：

```
typedef int Test;
Test test = "12345";
```

将会引起编译器报错，因为给 int 类型赋值了字符串，因此 typedef 和 enum 一样也是类型安全的。

其次和枚举一样，typedef 也是有作用域的，而#define 是全局范围的。同时由于#define 只是进行简单的替换，所以在进行某些变量的定义时可能会引起歧义。例如：

```
#define INT_PTR    int*
typedef int* Iptr;
INT_PTR p1，p2;
Iptr p3，p4;
```

p1、p2、p3 和 p4 谁是整型指针类型变量？都是吗？并不是，只有 p1、p3、p4 是整型指针类型变量，p2 是整型变量。原因就在于#define 只是单纯的常量替换，所以

```
INT_PTR p1，p2;
Iptr p3，p4;
```

这两句话的真实样子是这样的：

```
int* p1，p2;
int *p3，*p4;
```

而 int* p1，p2；这句话拆分一下其实是这个意思：

```
int *p1;
int p2;
```

很明显 p2 被定义为了整型变量。

typedef 与#define 的另一个不同在于二者修饰指针类型时，作用域不同，例如：

```
#define INT_PTR    int*
typedef int* Iptr;
const INT_PTR p1;
const Iptr p2;
```

其中，const INT_PTR p1;的意思相当于 const int *p1;或 int const *p1;意为 p1 可以更改指向，但被 p1 指向的地址里的内容不能更改；而 const Iptr p2;的意思相当于 int * const p2;意为 p2 的指向不可更改但被 p2 指向的地址里的内容可以更改。

至于到底怎么看 const 修饰的是谁，《C 语言深度解剖》(作者：陈正冲，北京航空航天大学出版社)里介绍的一个方法很好用，这里借鉴一下，就是先省略掉数据类型。就像这样：

```
const int *p1; 或 int const *p1;
const *p1   // 去掉了 int 这个数据类型
int * const p2
*const p2   // 去掉了 int 这个数据类型
```

之后再来看这个 const 后面跟着谁，const int *p1;或 int const *p1;里 const 后面跟着的是*号，所以可以理解成 const 修饰的是被这个指针指向的内容，即该指针可以更改指向，但被该指针指向的地址里的内容不能更改；同样*const p2 里 const 后面跟着的是指针变量本身，所以其修饰的是这个指针变量，即该指针的指向不可更改，但被该指针指向的地址里的内容可以更改。

2.18 比较纠结的两个关键字：volatile 和 register

volatile 将会影响编译器编译的结果，因为被 volatile 修饰的变量的值是随时可能发生变化的，因此这个关键字就是在告诉编译器，与 volatile 变量有关的运算不要进行编译优化以免出错。VC++在产生 release 版可执行码时会进行编译优化，加 volatile 关键字的变量有关的运算，将不进行编译优化，其他编译器亦有相类似优化措施。这个关键字在某些嵌入式系统编程中十分常用。

而 register 这个关键字则即将告别历史舞台，ISO 已经在考虑在下一次标准更新中删掉这个关键字。简单说，它是一种对编译器的提醒，提示它这个变量的内容可能会被经常使用，建议放到离 CPU 最近且速度最快的那个寄存器里，以减少频繁在地址中寻找这个变量所造成的时间浪费。由于被放到寄存器就意味着将直接被 CPU 使用，所以其内容必须是 CPU 能够理解的数据，所以它应该是单个的数据，并符合其定义的数据类型的合法表示范围。

这个关键字渐渐退出历史舞台的原因是因为这个关键字更多的用于早期编译器中，因为早期的 C 编译程序不会把变量保存在寄存器中，除非你明确命令它这样做，而现在的编译器随着优化的完善，很多都不再理会 register 这个关键字，甚至会在编译时直接选择性忽略，所以现在的 register 更多的只能是对编译器的一种建议而不是必须的命令。就好比新衣服标牌上有“建议零售价”(register 关键字)，但是绝大部分商家(编译器)销售时(编译代码)并没有按照那个价钱销售，而是自己定的比那个标价低得多的价格(编译器的代码优化)。所以它就是个建议而已。

到此为止，C89 标准中的 32 个关键字就算是讲完了。接下来再来看看 C99 标准中的 5 个新朋友吧～

2.19 五个新成员：restrict，inline，_Complex，_Imaginary，_Bool

说完了 C 语言原本的 32 个关键字，最后我们再来看看五个新朋友。restrict，inline，_Complex，_Imaginary，_Bool 这五个关键字是在 C99 标准中新增的关键字，在它们之中，我们比较熟悉的可能要数_Bool 了。

在其他编程语言已普遍支持 Bool 类型的今天，C 语言也终于加入了布尔

(Bool)类型的支持。简单来说，它用来表示真或假，零表示假，非零表示真，而且所有非零的数赋值给布尔型变量最终的值都是 1。

例如：

```
_Bool test1，test2;
test1 = 6;
test2 = -6;
```

那么 test1 和 test2 在打印时打印出的值都会是代表“真”的 1。

同时，如果在代码中包含 stdbool.h 后，还可以直接用 bool 代替_Bool，并且可以使用 true 和 false 表示真和假，其实这个 stdbool.h 就是对_Bool 关键字进行了简单的宏定义简化。

Complex 和_Imaginary 便是 C99 标准新增的针对复数的支持，C99 标准分别提供了三种复数类型和虚数类型：float _Complex，double _Complex，long double _Complex 和 float _Imaginary，double _Imaginary，long double _Imaginary，其中复数类型包括一个实部和一个虚部；而虚数类型没有实部，只有虚部。

使用的时候定义方法很特别，类似这样：

```
double _Complex x = 3.5;            /*定义 double 类型的复数 x 且其实部为 3.5，
                                      虚部为 0 */
double _Complex y = 3.0 * i;        /*定义 double 类型的复数 y 且其实部为 0，虚
                                      部为 3.0 */
double _Complex z = 3.5 - 3.0 * i;    /*定义 double 类型的复数 z 且其实部为
                                        3.5，虚部为-3.0 */
double _Imaginary x = 3.0 * i /*定义 double 类型的复数虚部 x 且其虚部为 3.0 */
double _Imaginary y = -3.0 * i /*定义 double 类型的复数虚部 y 且其虚部为-3.0 */
```

对于这两个关键字，也有一个库可以用，就是 complex.h。在包含了 complex.h 后，可以用 complex 来代表_Complex；用 imaginary 来代表_Imaginary；并且还可以用 I 来代表虚数单位 i，即 –1 的平方根。

这种新的复数类型的优势在于它被归为了算术类型，可以直接作为“+”、“–”、“*”、“/”运算符的操作数。不过需要注意的是 C99 虽然新增了_Complex、_Imaginary 这两个关键字，但并没有硬性规定编译器必须支持这两个关键字，所以在使用这两个关键字之前，要先判断当前的编译器是否完

全支持 C99 标准(截至 2016 年 4 月 28 日，gcc 已经完全支持 C99 及 C11)。

讲完了三个关键字之后，我们来看看 restrict 这个关键字。前面说过，它用来限定指针，表明该指针是访问和操作其指向数据对象的唯一方法，作用是告诉编译器除了该指针，其他任何指针都不能对所指向的数据进行存取。那么，到底怎么定义一个这种限定指针呢？

用法类似这样：

```
int *restrict x;
int *restrict y;
```

之后将地址赋值给这两个限定指针就 OK 了，且被赋值给限定指针的地址指向的内容从赋值时刻起，便只能通过这个限定指针来访问和操作它了。这个将在 4.12 节进一步介绍。

至于最后一个关键字 inline，它其实是用于在 C 语言中使用 C++的内联函数，这个内联函数将在后面函数章节(5.9 节)进行简单介绍，所以这里就先不说了。

到此为止，总共讲了 37 个关键字，有些内容对于初学者来说可能还太早，不过没关系，那些内容可以以后翻回来看，毕竟，温故才能知新嘛～

第 3 章　那个曾被你画叉叉的函数

3.1　为啥会有函数咧?

函数到底有什么作用咧？我们先来做一个小实验吧～如果要设计一个程序，使其输入一个数 m 将其连续自增 50 次并打印每次结果，那么这个程序大概就是这个样子：

//实验 3.1

```
#include <stdio.h>
int main(void)
{
    int num，i;
    scanf("%d"，&num);
    for(i=0; i<50; i++)
    {
        num++;
        printf("%d\n"，num);
    }
    return 0;
}
```

然后我们改下题目，改成输入两个数 m、n，程序就会成为这个样子：

//实验 3.2

```
#include <stdio.h>
int main(void)
{
    int num1，num2，i;
```

```
        scanf("%d%d", &num1, &num2);
        for(i=0; i<50; i++)
        {
            num1++;
            num2++;
            printf("%d %d\n", num1, num2);
        }
        return 0;
    }
```

嗯，做了点小改动后，也算完成任务了。但是如果我们要输入 50、500、5000 个数呢？每次都这样改一下？设 5000 个变量？显然行不通，这个时候，函数就有用了。

//实验 3.3　较完善的版本

```
#include <stdio.h>
void More(int num)
{
    int i;
    for(i=0; i<50; i++)
    {
        num++;
        printf("%d", num);
    }
}
int main(void)
{
    int num;
    void More(int num);
    while(1)
    {
        scanf("%d", &num);
        More(num);
    }
```

```
    return 0;
}
```

有了函数，无论想要输入多少个数都不再困难。不过有一个小缺陷，就是每次只能处理一个变量。因为如果想每次都输入不同个数的话，那么函数就满足不了了，需要用到后面要讲的数组的内容，为了不提前剧透，此处就没用数组，所以这个版本叫做“较完善版本”。

刚才这个例子能看出什么吗？如果我们不另写函数的话，每次题目的改动都要加新变量和相同行数的代码，但是如果另写函数然后每次都调用函数的话，需要改写的地方就少了很多而且维护起来也容易得多。这只是一个很小的例子，如果是代码段本身就很长或者是具有 N 多变量的商业级代码，那么每次的修改都无疑会是一场灾难。所以啦，为了省去重复代码的编写，提升代码重用率以及使得代码更加模块化便于阅读和维护，函数就这样诞生。

其实，C 语言中函数无处不在，只是我们没发觉而已。我们的 main()函数就绝对是必不可少的，而且如果没有函数，你连怎样把结果打印到屏幕上都不知道？因为 printf、putchar 及 puts 这些都是函数，都是 C 语言编译器常用函数库中的函数。像 stdio.h 这样的常用函数库文件编译器一般会自带 200 多个，编写代码时需要哪些函数库文件(#include XXX.h 就是告诉编译器编译时要用到 XXX 库文件中的函数)，编译器会自动在编译时将这个库编译进去，也就是我们前面说的预处理阶段。

可以说，是这些库文件丰富了 C 语言的功能，库文件这种“黑箱”式手法可以让我们仅需调用函数便可以达成目的，而不需要知道它是怎样完成的，就像司机只要知道启动引擎并如何控制车子就可以，并不需要知道车子内部是如何工作的一样。

3.2 库和接口

其实 .h 这种头文件里并没有函数的具体实现方法，只是写着我们知道的有关库的信息(比如每种函数调用的正确格式)，然后 .h 头文件将这些信息传给 .c 文件，在那个 .c 文件中包括了库函数的全部实现过程的代码和我们不知道的细节。说白了，头文件它只是一个接口，而我们的需求其实是由和其同名的 .c 文件实现的。图 3-1 为调用一个库函数的示意图。

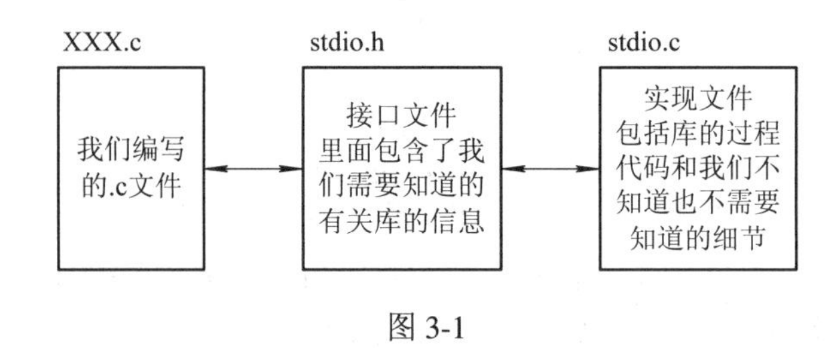

图 3-1

讲到这的时候，忽然想起来一个有趣的问题：还记得我们上一章讲的关于#include "stdio.h" 和 #include <stdio.h>两者的区别吗？它们的区别在于后者编译器将直接去程序设置的 include 环境变量路径即系统默认库里查找，后者将使编译器先查找当前文件的路径，再到程序设置的 include 环境变量路径里查找。所以前者更适合编程者自己写的库，后者更适合后者自带库。

那么，这里就出现了一个概念：自己写的库。

嘿嘿，知道你肯定想问我如何写库，这里就以上文那个简单的 More 函数为例简单介绍下要怎么编写自己的库。

话不多说，开始写库。首先来看看我们刚才说的那个 More 函数的定义：

```
void More(int num)
{
    int i;
    for(i=0; i<50; i++)
    {
        num++;
        printf("%d", num);
    }
}
```

这是一个返回值为空，即没有返回值的只接受一个 int 型形参的函数，我们可以直接把它写到一个 .c 文件中，这里就把这个 .c 文件命名为 More.c。由于这个函数用到了 printf 函数，所以需要再在这个 More.c 文件语句最上面加上一句 #include<stdio.h>。哎，这里可能会有疑问：我们现在不是在写库吗？自己的库函数文件中可以引入其他库吗？可以，当然可以啦～库函数本身也是 .c 的代码文件，我们完全可以引入 C 语言自带的库来辅助实现自己的库。如果你以后有机会查看其他 C 语言自带的库，就会发现其实很多自带库中也会引入其他的自带库头文件。

再转回我们刚才说的那个 More 函数，被我们修改后的 More.c 内容就是这个样子了：

```
#include <stdio.h>

void More(int num)
{
    int i;
    for(i=0; i<50; i++)
    {
        num++;
        printf("%d", num);
    }
}
```

好吧，我知道一定会有人有这样的疑问：已经在 main 函数那个文件中引入了 stdio.h，现在再在这个库函数中引入 stdio.h，会不会造成重复引入？

不会。刚才我们说过，要写库的话就要有 .h 这种头文件作为接口，而这个 .h 头文件的一个作用就是防止这种重复引用。那它是如何实现这种机制的呢？很简单，使用#ifndef 这个宏定义来进行判断就好了。

例如在那个 stdio.h 里，开头就是：

```
#ifndef _STDIO_H_
#define     _STDIO_H_
⋮
#endif
```

这两句话的意思是先判断当前文件中_STDIO_H_是否已经被宏定义过，如果没有被宏定义过，就证明当前文件还没有引入过 stdio.h，那就将其引入并且对_STDIO_H_进行宏定义，以防后面被重复引入；反之如果_STDIO_H_已经被宏定义，就证明当前文件已经引入过 stdio.h，便不会再执行下面的语句，而是找 #endif 后面是否还有语句，如果没有的话，就什么也不做。这跟 C 语言中的 if 关键字很相像。

说完了 stdio.h 的内容，再来看看我们自己要写的内容。

刚才说过 .h 头文件中开头要做一个 #ifndef 宏定义来判断当前文件是否已经引入过这个头文件，所以一般 .h 头文件都是这样一个格式：

```
#ifndef <标识>
#define <标识>
  (这里写头文件的内容)
#endif
  (这里写如果引入过头文件的操作，一般是没操作)
```

其中的<标识>是当前头文件名的全大写形式，并将“.”符号换成“_”且在文件名前后各加一个“_”。你要问为啥这么写，我只能说是它的标准要求的。

标准中标识的命名规则一般是头文件名全大写，前后加下划线，并把文件名中的“.”也变成下划线。

因为我们的库文件叫 More.c，所以对应的 .h 头文件名字叫做 More.h，对应头文件写法就是这样的：

```
#ifndef _MORE_H_
#define _MORE_H_
  (这里写头文件的内容)
#endif
  (这里我们就不写东西了)
```

仅针对当前水平而言，这种理解没有问题，而实际应用中“这里我们不写东西了”这一部分其实还大有洞天，感兴趣可自行打开 stdio.h 等了解下～

OK，下一个问题，头文件里都要包含哪些内容呢？

(1) 首先是函数声明，要声明你写的 More.c 里的所有函数的声明。当然，这里我们只写了一个函数，所以只写一条声明即可。

(2) 其次，如果你的库中自己定义了结构体、联合体一类的结构型变量，都要在头文件中声明。这就好比你自己编程的时候，如果定义了结构体，都会在文件最开始的时候声明它，然后再使用，道理是一样的。如果这里不声明这些自己定义的结果类型的话，使用它们的时候将引起编译器报错。因为编译器不知道你这个东西是在哪里声明的，应该怎么去实现。

(3) 再来就是，如果你要定义常量的话，要把宏定义写在头文件里，道理和要声明结构型变量一样。

(4) 最后就是，如果你要引用其他文件中的变量或函数，就要在这个头文件里面使用 extern 关键字写明这些引用。

按照这四条来编写我们的 More.h 的话，貌似只需要写一下 More 这个函数的函数声明就 OK 了，如：

```
#ifndef _MORE_H_
#define _MORE_H_
```

```
void More(int num);

#endif
```

这样子，我们的 More.h 就写好了。

然后我们要把这个 More.h 包含到 More.c 中。可能你会问为什么要包含，原因很简单，我们在 More.c 中没有做任何函数或结构型变量的声明，所以最好的办法就是包含做过这些声明的自己的 More.h 头文件来解决可能造成的“XXX 未定义”这类的问题。当然，不引入自己的头文件很多情况也不会报错，不过为了养成好习惯，还是建议.c 这个库函数实现文件中包含自己的头文件的。

所以我们的 More.c 就变成了这样：

```
#include <stdio.h>
#include "More.h"

void More(int num)
{
    int i;
    for(i=0; i<50; i++)
    {
        num++;
        printf("%d", num);
    }
}
```

别忘了自己写的库包含它的头文件时是要用引号的哦。

这样就算是大功告成了，记得将要使用这个库的文件和我们的库函数文件放在同一工程目录下，然后在需要的时候写一句#include "More.h"就可以正常使用 More 这个函数喽。

这段知识有点超前，如果现在看不懂也没关系，学习完这章的内容再回来看，说不定就会有恍然大悟的感觉哦。

3.3 自己的函数

刚才说到了 C 编译器自带的库文件有几百个，包含了上千个函数，但是很明显还是不够用，因为有时我们要完成的任务是十分有针对性的。这时就需要自己编写函数了。例如说那个课上最常见的 Swap 函数：

```
void Swap(int a，int b)
{
    int temp;
    temp = a;
    a = b;
    b = temp;
    printf("a=%d b=%d"，a，b);
}
```

这个函数如果你学习时使用的教材刚好是谭浩强老师主编的《C 语言程序设计》的话，估计都快看烂了，而且后面讲指针的时候，你还会再见到它。此处我还保留了原函数 int a，int b 的代码风格，主要是因为这里函数的变量名无关紧要，没有特定意义，所以就用了最直观的 a、b。

这里我们就是编写了一个可以完成 a、b 两值互换的函数。当然，这里因为是传值调用，实际 main 函数中的 a、b 变量值并未改变，只是函数中的局部变量 a、b 的值互换了，指针中的传址调用，才是真正改变了 main 函数中的 a b 变量值。

也就是说其实写函数和写 main 中的代码是一样的，只是函数中的变量除非 static 这样的数据类型，其他变量的生存期只到函数执行结束，每次执行函数时都是一个重新定义并使用局部变量的过程。哦，这里说一句，函数中的形参的命名与 main 函数中的实参不会冲突，即如果你在 main 中定义了 a，变量 a 这个变量名在函数中依然是可以定义使用的。原因就是前面讲作用域时说过的，变量的作用域不同。

自行创造的函数在使用前要先声明，就是在 main 函数中写明该函数的完整格式，至于完整格式究竟要多完整，以及函数声明在新标准中是否必须，3.6 节我们慢慢讲。

3.4 替身与明星：函数的形参和实参

在传值调用中，实参和形参有着很大的区别，让我们用例子来说明什么是形参什么是实参吧。

```
#include<stdio.h>
void Swap(int a，int b)
{
    int temp;
    temp = a;
    a = b;
    b = temp;
    printf("a=%d b=%d"，a，b);
}
int main(void)
{
    void Swap(int a，int b);
    int a，b;
    scanf("%d%d"，&a，&b);
    Swap(a，b);
    return 0;
}
```

在这里，main 函数中的 a、b 变量就是实参(实际参数)；而函数 Swap 中的 a、b 就是形参(形式参数)。通俗点讲，就是 main 这类的主调函数里的参数是实参，函数中的局部变量是形参。实参出现在主调函数中，进入被调用的函数后，实参将自己的值传值给对应在函数中的形参，从而实现主调函数向被调函数的数据传送。就像上例里那样，main 里的 a、b 变量先被赋值，然后将值传递给 Swap 函数中的形参 a、b，然后形参 a、b 被各种交换，最后打印出结果。在此过程中，实参 a、b 的值一直未曾改变，Swap 函数执行结束后，形参 a、b 被销毁。形参变量只有在被调用时才分配内存单元，在调用结束时，即刻释放所分配的内存单元，因此形参只有在函数内部有效，函数调用结束返回主调函数后则不能再使用该形参变量。实参可以是常量、变量、表达式、函数等，无论实参是何种类型的量，在进行函数调用时，它们都必须具有确定的值以便把这些值传送给形参。因此应预先用赋值、输入等办法使实参获得确定值。

这种关系就有点像明星与替身的关系，有些高难度或者危险的动作，明星(实参)自己不做，而是用替身(形参)去完成。替身替明星去了片场(函数)，完成各种动作(函数操作)后回去领便当(销毁)，然后明星继续他的表演(main

函数里的实参生存期到程序结束)。

这也表明了一个特点，就是函数调用中发生的数据传送是单向的，即只能把实参的值传送给形参，而不能把形参的值反向地传送给实参。因此在函数调用过程中，形参的值发生改变，而实参中的值不会变化。

同时在函数声明时，形参的变量名可以省略，即

```
int main(void)
{
    void Swap(int ， int );
    int a， b;
    scanf("%d%d"， &a， &b);
    Swap(a， b);
    return 0;
}
```

因为编译器在检查时只会在意其参数的变量类型，而会自动忽略其变量名，只要在写函数原型时写明其变量名就不会报错。但这种写法并不推荐，因为如果代码量很大，连自己都容易忘掉它的变量名到底是什么，而且也不便于其他人阅读代码，导致可维护性降低。

嗯，说完了“替身”和“演员”，还有两位关键字仁兄一直等着呐，

那就是“导演”和“编剧”。

3.5 函数中的“导演”及“编剧”

在讲关键字那节的时候，我们还保留过两个关键字没有细讲。虽然说没细讲，但是到此为止它们俩可是一直没少出现哦。

能猜到是谁吗？嘿嘿，就是 void 和 return。它们俩从这里开始正式亮相！不过对它们而言，这章只是开端，后面在指针处还要用到它们。

这节的名字叫“函数中的‘导演’与‘编剧’”，乍看之下可能会让你觉得丈二和尚……不过，其实它俩代表的是在函数里我们会用到的两个东西，而且绝对会用到至少一个，不可避免。就像无论电影还是电视剧，都必须有编剧和导演一样。

说了这么多，它俩到底是干什么的呢？

嘿嘿，想想看，导演是干嘛的？简单地说，是不是就是那个在片场告诉

演员该怎么演的那个家伙？你觉得他和函数里的谁很像呢？对啦，就是关键字 return。只要函数定义时返回值不是定义为 void(空类型)，那么就一定会有返回值，而 return 就是返回命令的关键字。就好像导演让谁怎么演那人就得怎么演一样，return 要哪个变量的值返回给主函数，那个变量就必须把它的值在函数执行结束后返回给主函数，所以 return 就像是函数中的导演。

话说回来，到底是谁规定演员要怎么演？当然就是写剧本的那个叫编剧的人，他规定着每个演员所演角色的生老病死。

觉不觉得在函数里也有个类似编剧的讨厌家伙，它规定了函数是否有返回值以及返回值是啥类型，这就是写在函数名前面的数据类型规定，void 类型就是其中之一。

```
void Swap(int a，int b);
```

写在函数名前面的返回值类型规定就要求了函数是否有返回值以及返回怎样类型的值，例如：

```
int Swap(…)              // 返回整型返回值的函数
double Swap(…)           // 返回双精度浮点型返回值的函数
char Swap(…)             // 返回字符型返回值的函数
int *Swap(…)             // 返回整型指针的函数
double *Swap(…)          // 返回双精度浮点型指针的函数
char *Swap(…)            // 返回字符型指针的函数
void Swap(…)             // 不返回返回值的函数
```

你看，它就像编剧一样，在写函数的时候就规定了函数“一生“的经历，规定它执行结束后要不要返回值、返回什么类型的值，然后我们的“导演”return 在“演戏”(函数执行)的时候就会按“编剧”的安排做应该做的操作。

当函数返回类型为 void 时，函数中就可以没有 return，当然有的话也不会错，只是不能返回任何内容，即只写一个 return;

```
void Swap(…)
{
    …
    return; //这个 return 没有返回任何内容
}
```

返回值的类型必须和规定一致，要求返回整型就不能返回双精度浮点型，如果不一致，就无法通过编译。

下面是个正确的例子：

```
#include<stdio.h>
int Max(int a，int b)//一个要求返回整型返回值的函数
{
    return a > b ? a : b;
    //正确的 mx 为整型变量，与返回整型返回值要求一致
}
int main(void)
{
    int Max(int a，int b);
    /*函数声明，告诉编译器这个函数是我们自己写的，让它在编译时先找到
      这个函数*/
    int a，b，m;
    scanf("%d%d"，&a，&b);
    m = Max(a，b);
    printf("%d"，m);
    return 0;
}
```

到此，函数里的“编剧”和“导演”就算是介绍完了。

其实函数也很简单，前面已经多次提到过 main 函数本身也是个函数，而我们自己建的函数其实写起来感觉都是差不多的。

接下来讲下函数的嵌套吧。

在此之前，还有一个问题需要好好讲讲，这个问题很有针对意义，即函数声明现在还是必须的吗？

3.6 为什么会有函数声明？必须要声明吗？

为什么我们自己写的函数需要在使用前先声明？还记得函数代码存放在内存中的哪块地方吗？先来回顾一下。

一个由 C/C++ 编译的程序占用的内存主要分为以下几个部分：

(1) 栈区(stack)：由编译器自动分配释放，存放函数的参数值、局部变量的值等。其操作方式类似于数据结构中的栈。

(2) 堆区(heap)：一般由程序员分配释放，若程序员不释放，程序结束时可能由系统回收。它与数据结构中的堆是两回事(数据结构中的堆实际上指的就是满足堆性质的优先队列的一种数据结构)，分配方式类似于链表。

(3) 全局区(静态区)(static)：全局变量和静态变量的存储是放在一块的，初始化的全局变量和静态变量在一块区域；未初始化的全局变量和未初始化的静态变量在相邻的另一块区域，程序结束后由系统释放。

(4) 文字常量区：常量字符串就是放在这里的，程序结束后由系统释放。

(5) 程序代码区：以二进制形式存放函数体的代码，函数体代码就是我们自己定义的那些函数的实现代码。

那么我们自己写的函数会被放在哪里呢？对，就是程序代码区。每次要调用函数时都需要到程序代码区寻址找到其实现代码，并在栈区为其执行所需的形参和局部变量分配空间，这就是所谓的入栈。

入栈之后编译器会根据函数代码在栈内给函数划分定义形参所需的空间，函数执行完成后将代码移回程序代码区，并销毁栈内所有形参(static 静态型变量放在全局区，所以不会被销毁，函数下次调用时依然可以调用静态型变量)，也就是所谓的出栈。

讲到这问题就来了：程序代码区里的函数代码很多，编译器怎么能知道应该调用哪个函数呢？换句话说，需要调用的函数究竟在程序代码区的哪块呢？

这个时候，函数声明的作用就表现出来了。在使用这个函数前，先声明这个函数，让编译器知道在这里之后需要用到这个函数，所以在后面调用了这个函数时，编译器能够自动去程序代码区找到对应的函数原型。所以函数的声明都长得和函数体原型一样，如 Swap 函数的声明是：

```
void Swap(int a, int b);
```

而它的函数体原型代码是：

```
void Swap(int a, int b)
{
    int temp;
    temp = a;
    a = b;
    b = temp;
```

```
        printf("a=%d b=%d", a, b);
    }
```

除了加了个分号，其他一点不变。当然，我前面也说过，编译器在检查函数声明时只会在意形参的变量类型，而会自动忽略其变量名。因为函数声明主要是帮助编译器检查在调用函数时是否犯了类型不匹配的错误。所以写这样的函数声明也一样可以：

```
void Swap(int , int );
```

只要告诉了编译器这个函数包含两个整型的形参就可以了，但我前面说过，这样有时候会把自己搞懵，尤其是代码很长的时候，可能会忘掉形参变量名，并且不利于后期代码维护，所以最好不省略。

说到这，函数声明的意义就明朗了：一来是让编译器认识你写的这个函数，在调用这个函数的时候知道应该调用哪段代码；二来是在调用函数时便于让编译器检查调用这个函数时的参数个数和类型是否正确。例如声明是

```
void Swap(int a, int b);
```

但调用时给 a 传了一个 double 型的值，那么编译肯定通不过。

我相信大家一直都有一个疑问：函数声明是必须的吗？不声明不行吗？

答案是很肯定的：函数声明是必须的。

我知道大家在写代码的时候有尝试过不写函数声明而进行编译，而且在某些早期编译器(如 VC++ 6.0)上可以带有“warning”地通过编译并正常运行，然而，这并不代表着函数声明不必要。作为一门古老的语言，C 的早期标准对函数声明的规定较为模糊，直到 C89 都没有明确规定函数声明为必须，所以遵循 C89 的编译器大多不会强制要求对函数进行函数声明，并且如果开发者在代码中没有声明函数，则会在编译时默认为其添加一个“编译器认为正确”的函数声明并报出“warning”。

重点就在于这个“编译器认为正确的函数声明”，如果编译器对你的函数理解正确，添加的函数声明的各参数类型与你的函数实现相符，那自然皆大欢喜；如果没有的话，那么运行可能就会出现问题。同时现在在 C99 与 C11 标准中，已经明确了函数声明的规定，要求函数声明为必须，不做函数声明将会作为一个“error”而不是“warning”报出。所以如果你使用支持 C99 以上标准的编译器编译没有函数声明的代码时，将不再会通过编译，因此我说：函数声明是必须的，无论函数实现代码声明在 main 函数之前，还是之后，都应该在使用这个函数之前进行函数声明。

搞清楚了函数声明，就可以讲函数的嵌套了。

3.7 套娃一样的函数嵌套调用：深层次理解函数调用

函数嵌套调用，顾名思义就是一个函数套一个函数再套一个函数，有点像俄罗斯的套娃一样，一层一层嵌套着彼此。然而函数的嵌套的实现原理也是像套娃一样吗？接下来我们就来讨论下这个问题。

在这里先拿 main、Swap 和 Swap1 三个函数做个小例子来看看函数嵌套中函数的执行过程。

```
#include<stdio.h>

void Swap(int a，int b)
{
    void Swap1(int a，int b)；//声明 Swap11 函数
    Swap1(a，b)；
}

void Swap1(int a，int b)
{
    int temp；
    temp = a；
    a = b；
    b = temp；
    printf("a = %d b = %d"，a，b)；
}

int main(void)
{
    int a = 1；
    int b = 2；

    void Swap(int a，int b)；//声明 Swap 函数

    Swap(a，b)；

    return 0；
}
```

这个函数的执行顺序如图 3-2 所示。

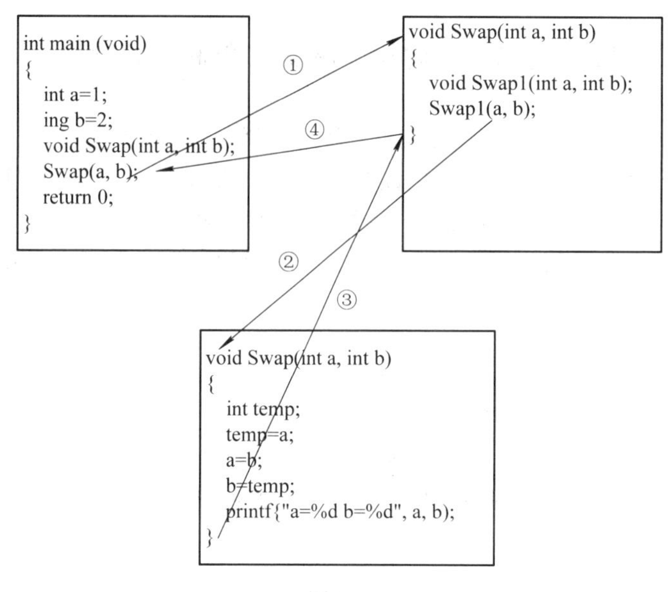

图 3-2

程序的整个运行过程大致是这样：由 main 函数开始，当它执行到“Swap(a，b);”这句时，编译器根据之前的 Swap 函数的声明会将 Swap 函数的代码入栈；当 Swap 函数执行到“Swap1(a，b);”时，编译器再根据 Swap1 函数的声明将 Swap1 函数入栈；当 Swap11 函数执行完毕后，编译器返回到 Swap 函数并对 Swap1 函数进行出栈操作，Swap 函数执行完毕后，返回到了 main 函数，对 Swap 执行出栈并开始执行“Swap(a，b);”后的下一句语句。

也就是说，函数的嵌套是一层一层地进入，再一层一层地返回，不能调步或省略，其他的都和调用单个函数一样。

这里你可能会问，为什么 Swap1 函数是在 Swap 函数里声明的呢？因为在这个例子里，只有 Swap 函数用到了 Swap1 函数，所以就在 Swap 函数里声明了。这样声明与在 main 函数里声明的区别就是，这样的声明只在 Swap 函数里有效，也就是说只要出了 Swap 函数，编译器就不会再认识 Swap1 函数，如果想在别的函数中使用 Swap1 函数需要再次在那个函数里声明 Swap1 函数。而如果是在 main 函数中声明的话，在整个程序里都可以使用 Swap1 函数而不需要再声明。

如果只说到这的话是不是不应该叫“深层次理解”呢？函数的嵌套看起

来是一层一层地进入，再一层一层地返回，那它的真实实现原理是不是就像套娃那样在内存空间上彼此嵌套呢？

我们接下来就把刚才这段代码图解一遍。

先来温习一下代码，因为接下来需要对代码从头图解到尾。

```
#include<stdio.h>

void Swap(int a，int b)
{
    void Swap1(int a，int b)；//声明 Swap11 函数
    Swap1(a，b)；
}

void Swap1(int a，int b)
{
    int temp；
    temp = a；
    a = b；
    b = temp；
    printf("a = %d b = %d"，a，b)；
}

int main(void)
{
   int a = 1；
   int b = 2；

   void Swap(int a，int b)；//声明 Swap 函数

   Swap(a，b)；

   return 0；
}
```

可以看出，这段代码总共有 3 个函数，分别是 Swap()函数、Swap1()函数和 main()函数，我们说过，函数最终会被以二进制形式存放在程序代码区，因此在编译后，程序代码区存放的是 Swap()函数和 Swap1()的二进制形式的代码，如图 3-3 所示。

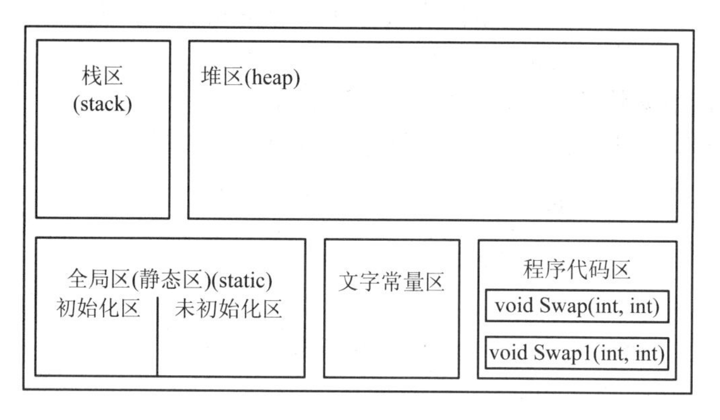

图 3-3

众所周知，代码在执行时以 main 函数为入口点。所以在 main 函数执行后，这段代码执行时，首先在栈区根据 main 函数中的定义先后在栈区中为 a、b 两个整型变量分配空间，接下来将要执行 Swap(a，b);语句，这样程序代码区中的 void Swap(int，int)将会被执行，而执行中所需要的变量也将在栈中被定义，例如图 3-4 所示。

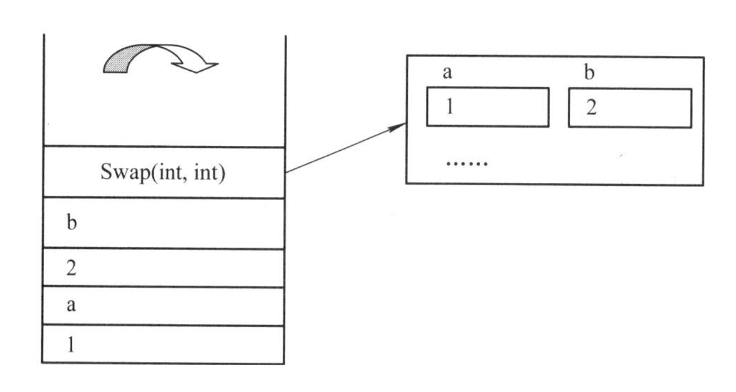

图 3-4

整体看起来就如图 3-5 所示。

这里为了方便介绍，简化了局部变量的画法，将它合成了一个 Swap(int，int)块，再在旁边对我们所画的块的内部局部变量进行了细分。这样画主要是方便讲局部变量出栈。

还要注意的是，细分的局部变量没有很明确地画出它们的入栈顺序，其实严格的入栈顺序是函数参数列表中的形参先依次以列表中从右到左的变量顺序入栈(之所以从右向左入栈是为了实现对可变长参数的支持，比如 printf()

函数的参数)，之后再给函数中的局部变量分配空间。以上面这个 Swap()函数为例，它的局部变量在入栈时最先入栈的是参数列表中最右侧的 int b，其次是 int a，由于它函数内部再没有其他局部变量，因此对局部变量的空间分配告一段落。假设其函数内部还有其他局部变量，那么空间分配顺序是和我们前面讲的一样，根据其在代码中首次出现的顺序进行。

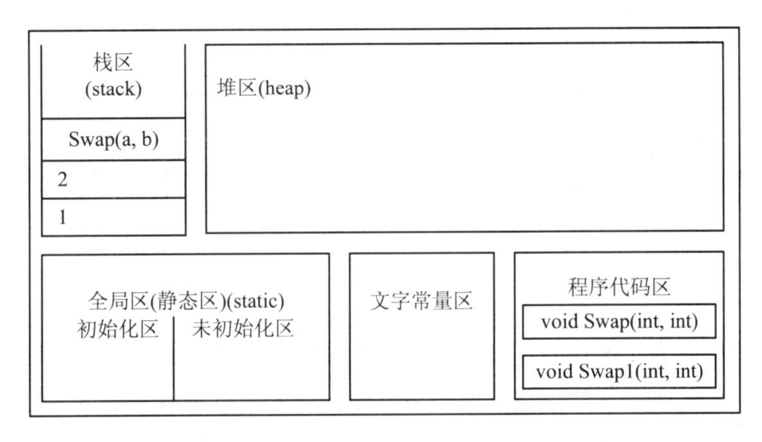

图 3-5

解释完细节，我们接着看代码。

之后 Swap()函数又调用了 Swap1()函数，使得 Swap1()函数在程序代码区的二进制代码被执行，并在栈上分配其所需变量的空间，如图 3-6 所示。

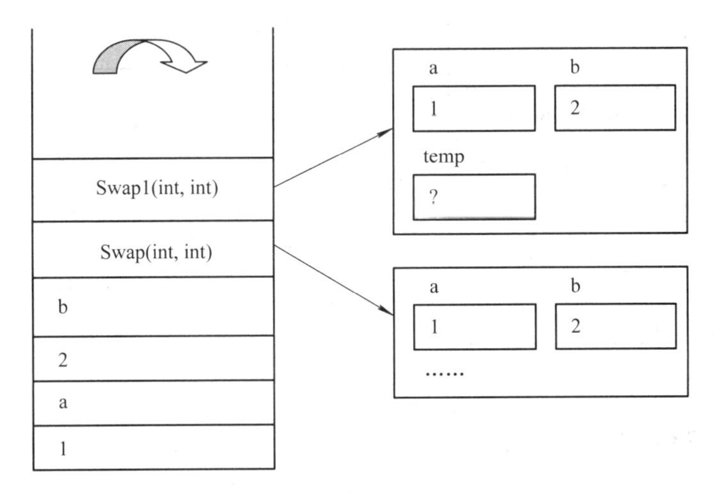

图 3-6

整体看起来如图 3-7 所示。

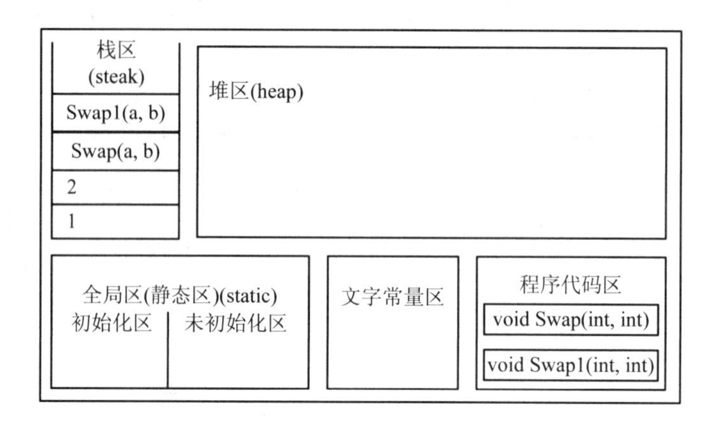

图 3-7

正如我们刚才说过的，这次 Swap1()函数代码中有了不在函数参数列表中的局部变量，因此它将在参数列表中的局部变量入栈之后入栈。然后由于这里画的是还没有执行赋值运算时的状态，所以 temp 变量内容暂时是未知的。

接着 Swap1()函数执行赋值操作，即将 a、b 局部变量内容互换，如图 3-8 所示。

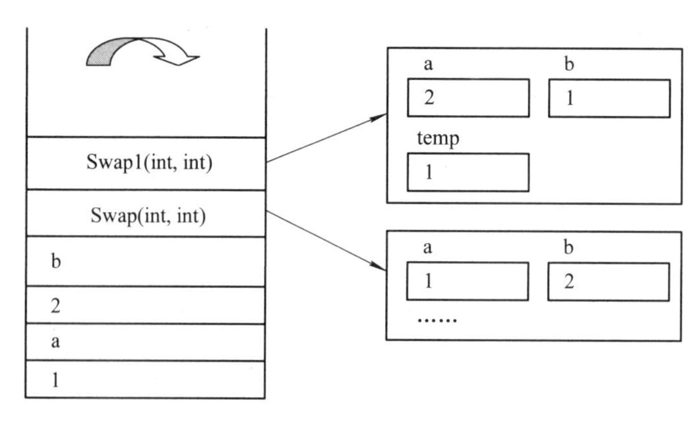

图 3-8

之后 Swap1()函数执行完毕，其相关局部变量出栈，如图 3-9 所示。

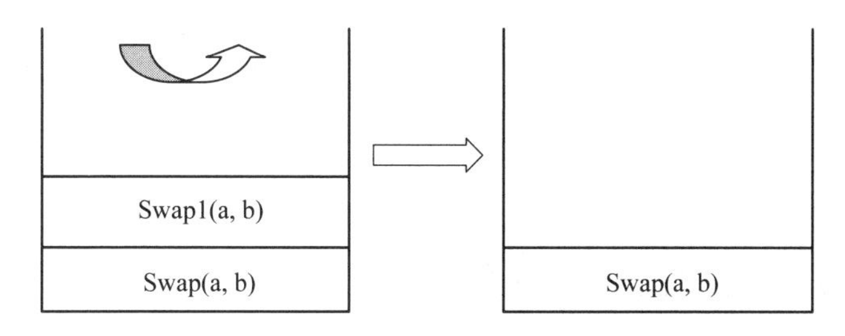

图 3-9

再后来 Swap()函数执行完毕，其局部变量全部出栈，发图 3-10 所示。

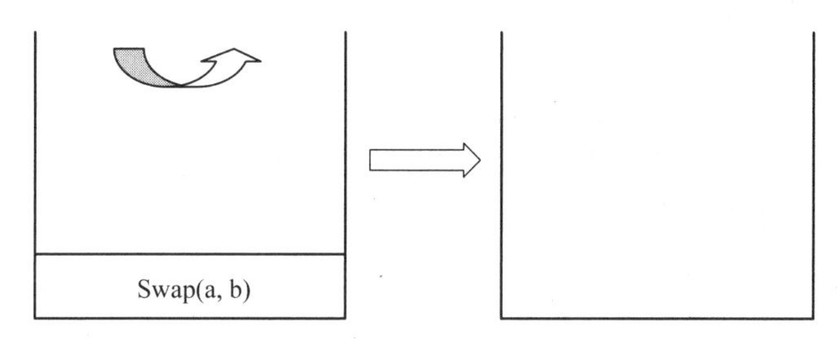

图 3-10

直到 main 函数执行完毕，程序结束。

讲到这，函数也就算是讲完了，看起来像套娃吗？不像，因为本来就不是那样实现的。

为什么要这么讲呢？从前面这些图可以知道，在 C 语言中，函数的嵌套调用并不是真正的一个函数在另一个函数的内存空间中执行，而是各自调用了其在程序代码区的实现代码，分别执行的，并且它们各自的局部变量也是在栈中独立分配的空间，所以，从现在起，不要再以为函数嵌套调用时栈空间里是如图 3-11 所示这样的了。

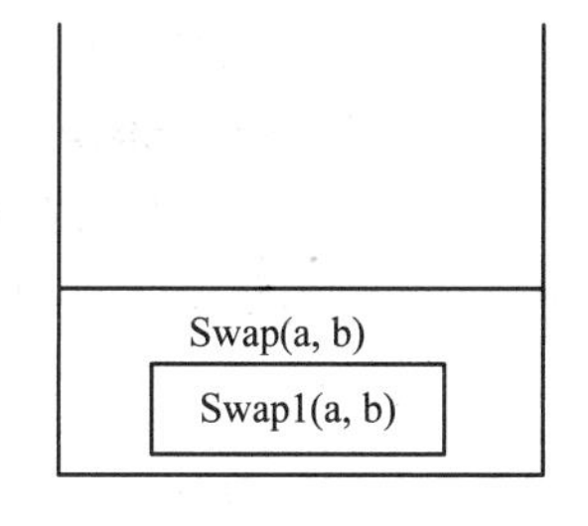

图 3-11

这样一来，除了递归基本上该讲的内容都差不多了，如果对函数的嵌套调用真正了解，其实函数递归就是把刚才介绍的内容多次重复罢了。而这种“重复”对栈空间的内存开销很大，因为要重复地对局部变量分配空间，所以在递归超过一定数量级时将使得栈空间不足而异常退出。因此，使用递归时要注意可能的死循环以及防止潜在的可能导致递归数量级过大的运算。

第 4 章　数组 VS 指针

4.1 从数组说起

数组是啥？为啥要有数组咧？

想象一下，如果要存储 1000 个人的年龄，你会怎么办呢？定义 1000 个变量，然后分别命名为 age1、age2…？

这样做显然行不通，此时，数组就出现了。

把具有相同数据类型的若干变量按有序的形式组织起来，以便于程序处理，这些数据元素的集合就是数组。按照数组元素的类型不同，数组可分为数值数组、字符数组、指针数组、结构数组等各种类别。

数组说明的一般形式为

　　类型说明符 数组名[常量/变量表达式];

其中，类型说明符可以是任一种基本数据类型或构造数据类型；数组名是定义的数组标识符；常量表达式表示数据元素的个数，也就是数组的长度。这种命名方式贯穿于一维数组、二维数组和字符串数组。

1. 一维数组的定义

一维数组算是最简单的数组结构了，定义方式为

　　类型说明符 数组名[常量/变量表达式];

例如：

```
int a[10];          // 定义整型数组 a 有 10 个元素
double b[10], c[20]; /*定义双精度浮点型数组 b，它有 10 个元素；双精度浮点
                        型数组 c，有 20 个元素*/
char ch[20];        // 定义字符数组 ch，有 20 个元素
```

这里字符串数组和其他类型数组有点不一样，后面会讲到。

像上面的例子里，定义这个数组是什么类型的数组，里面就只能存对应

类型的值。int 型数组内存 double 型的值就是不被允许的。

数组还有一个非常特殊的特点，就是它的下标是从 0 开始的。也就是说，如果定义 int a[5]，那么它的 5 个元素就分别是 a[0]、a[1]、a[2]、a[3]以及 a[4]，绝对不会存在 a[5]，如果在执行循环时执行到了 a[5]或者更长，就会出现数组越界的问题，将可能会被利用进行缓冲区溢出攻击(这个将在 4.13 节简单介绍)。

说到为啥会是从 0 开始，那就要从 C 语言的祖宗 B(BCPL)语言说起了。(其实 C 的原名叫“NEW B”，跟我们天朝的“牛 B”的念法一样哦😁)

B 语言的设计者发扬了一种“引用数组元素就相当于对指针加上偏移量的引用”的思想。偏移量，顾名思义，就是当前地址相对于首地址的单位距离(单位距离等于偏移量乘以每个数组元素占用的字节数，例如 int 型的单位长度是 4 字节(byte)，那么 int a[5]；从 a[0]到 a[4]的长度其实是 5 个 int 型元素的长度，即 20 字节，所以，a[2]到 a[3]实际距离是 4 字节，等于 1 步长。double char 以此类推)。因为数组的第一个元素的地址就是数组的首地址，所以它没有相对距离，即偏移量为 0。相比之下，第二个元素相对于首地址的单位距离为 1，即偏移量为 1，以此类推下去就有了现在数组的下角标范围。

在 B 语言向 C 语言进化时，这种偏移量观念已经深入人心，一直流传至今。根本原因是指针和偏移量是底层硬件所使用的基本类型。

在 C89 标准时代，数字[]里的内容必须是常量表达式而不能是变量。例如：

```
#define FIVE 5
// ...
int a[2 + 4], b[7 + FIVE];
```

这样都可以，但是

```
int n = 10;
int a[n];
```

就不对了，因为 n 是个变量。不过这么写在使用最新 GCC 的 cfree 里编译一直是可以通过的，因为前面提到过，在 C99 标准中已经允许使用变量来定义数组长度。而这个特性在 C++里也是允许的。因此，在前面写一维数组定义方法时我是这么写的：

类型说明符　数组名[常量/变量表达式];

即常量、变量以及只读变量都可以用来作为定义数组长度的表达式。

2. 一维数组的赋值与引用

赋值一般可以使用 for 循环逐个赋特定值、在定义时初始化赋值以及在知道要被赋值的元素在数组中的具体位置后，通过“首地址+偏移量”访问并赋值三种。

(1) 使用 for 循环赋值：

```
int a[10]，i；
for(i=0；i<10；i++)
{
   scanf("%d"，&a[i])；
}
```

(2) 初始化赋值：

```
int a[10]={ 0，1，2，3，4，5，6，7，8，9 }；
```

初始化赋值也可以只给部分元素赋初值，例如

```
int a[10]={0，1，2，3，4}；
```

表示只给 a[0]～a[4]的五个元素赋值，而后五个元素自动赋 0 值。

如果给全部元素初始化赋值则在数组说明中可以不给出数组元素的个数。例如：

```
int a[5]={1，2，3，4，5}；
```

可写为

```
int a[]={1，2，3，4，5}；
```

在实际编程中，还是使用 for 循环进行动态赋值用得最多。

(3) 通过数组下标引用特定元素进行赋值和修改。一般都是用“数组名[下标]”的方式引用。

例如：

```
printf("%d"，a[2])；
```

所以赋值时就可以直接通过特定下角标引用特定元素进行赋值，例如：

```
a[2] = 10；
```

3. 字符串数组

一维数组里比较特别的就是字符串数组了。

字符串数组在赋值和引用上与正常的一维数组有小小的差别，即字符串数组的实际长度比使用长度多一个用于存放字符串终止符的字节。字符数组也允许在定义时作初始化赋值，例如：

```
char c[10]={'c', '  ', 'p', 'r', 'o', 'g', 'r', 'a', 'm'};
```

赋值后各元素的值为

c[0]的值为‘c’

c[1]的值为‘ ’

c[2]的值为‘p’

c[3]的值为‘r’

c[4]的值为‘o’

c[5]的值为‘g’

c[6]的值为‘r’

c[7]的值为‘a’

c[8]的值为‘m’

其中，c[9]未赋值，系统自动赋予‘\0’值。当对全体元素赋初值时，也可以省去长度说明。例如：

```
char c[]={'c', ' ', 'p', 'r', 'o', 'g', 'r', 'a', 'm' };
```

这时，C 数组的长度自动定为 10(因为要有‘\0’作为字符串终止符)。

这个'\0'在进行字符串操作时是一个容易遗忘的点，在实现自己的字符串操作函数时要注意添加'\0'以及别添加成'/0'～

和前面不同的是，每个值都要打上单引号，表示它是个字符，同理双引号表示字符串。即

```
char c[12] = "hello world"
```

这样，c[0]的值为‘h’

c[1]的值为‘e’

c[2]的值为‘l’

c[3]的值为‘l’

c[4]的值为‘o’

c[5]的值为‘ ’

c[6]的值为‘w’

c[7]的值为‘o’

c[8]的值为‘r’

c[9]的值为‘l’

c[10]的值为‘d’

c[11]的值为‘\0’

c[12]的值不确定

也就是说，在遇到第一个字符‘\0’时，表示字符串结束，由它前面的字符

组成字符串。所以在定义字符串数组长度时，一定要让它尾端能够至少容纳 1 个‘\0’(这里下文会有改进说明)。

还有一点需要注意，在引用的时候，它不像 int double 那样

```
int a[10];
double b[10];
printf("%d %lf", a[2], b[3]);
```

这样输出的就是 a[2]和 b[3]的值，但是如果是字符串数组

```
char c[6] = "hello";
printf("%c %s", c[0], c);
```

效果就不一样了。%c 只是读取一个字符，而%s 是从当前指定位置起读取整个字符串直到遇见第一个‘\0’结束符。上例中的%s 效果相当于 puts(c);

其实这里在 C99 之后有了一个小小改进，我相信在初学 C 语言的时候，老师一定讲过和我们在上文中提到的一样的话：字符型数组在存储字符串的时候，要记得给系统默认在字符串尾部添加的‘\0’字符预留内存空间。也就是说对于“hello”这个字符串，用于存储它的字符型数组应该至少有 6 个字节的空间，以便存放‘\0’，即

```
char c[6] = "hello";
```

但是，在 C99 标准中，做了一个优化，即可以不人为地为这个‘\0’字符预留空间，编译器会自动进行优化，即

```
char c[5] = "hello";
```

这种写法在支持 C99 标准的编译器下也不会产生越界问题。当然，如果想养成一个较好的习惯并且希望自己的代码可以在 C89 编译器下有较好兼容性的话，我个人还是建议人为预留 1 个字节的空间。

一维数组想说的差不多就这些了。

4. 二维数组的定义赋值和引用

二维数组真的是二维存储的吗？这里先留个悬念，()首先来说一下二维数组的定义方法吧：

类型说明符 数组名[常量/变量表达式 1][常量/变量表达式 2]

常量/变量表达式 1 规定行数，常量/变量表达式 2 规定列数。行数可以不定义，但是列数一定要定义。即

```
a[3][3]; a[][3];
```

都是合法的，但是

a[3][]

就是不合法的了，因为编译器不知道第一列到哪儿结束并开始第二列。

没有给出行数的话编译器可以根据列数和所给值个数自己计算出行数，例如定义 a[][3]；然后赋值了 7 个数，那么编译器会自动把它变成这样：

a[0][0]，a[0][1]，a[0][2]

a[1][0]，a[1][1]，a[1][2]

a[2][0]

然后给 a 一个 3 行 3 列的二维数组，其中最后两个数组元素为空。但如果没有给出列数的话，编译器就会一直 a[0][n]到无穷远。

同样的道理，在把二维数组作为参数传递给函数的时候，也可以忽略列数。比方说：

```
void Function(int array[5][10]);
```

和

```
void Function(int array[ ][10]);
```

都是合法的。

在后面说完指针和二维数组在内存中的真正形态后你会发现二维数组传递给函数的其实是一个指针，它指向列数固定的一维数组，然后通过对指针赋予偏移量可以访问位于二维数组中不同行的一维数组。所以在函数参数列表中表示二维数组的参数可以写成这个样子：

```
void Function(int (*array)[10]);
```

这样就表示这个 array 是一个整数型指针，它指向一个每行最多可容纳 10 个元素的二维数组。*(array + 0)代表它指向二维数组的第一行，*(array + 1)代表它指向二维数组的第二行，依次类推。

好吧，看到这你可能会问啦，那这个二维数组内存中真正的形态到底是啥？真的是二维的吗？很明确地告诉你：不是！其实在 C 语言内部，不管是几维数组，都是按一维数组处理的。

也就是说我们眼里的二维数组可能如图 4-1 所示。

而在 C 编译器里，其实是如图 4-2 所示的。

1	2	3	4	5
6	7	8	9	10
…	…	…	…	…

图 4-1

1	2	3	4	5	6	7	8	9	10	…	…	…

图 4-2

哎，那你可能会问了：这怎么可能啊！这样子的话，编译器怎么知道在这个一维数组里从哪里到哪里是二维数组的第一行啊？而且其他行和列都怎么计算啊……

所以这个时候，有一个东西就应运而生了——数组的表示法。

5. 数组的表示法

数组的表示法，解决了怎样用一维数组表示多维数组的问题。

这个表示法分为两种，一种是以行为主的表示法，另一种是以列为主的表示法。

1) 以行为主的表示法

以行为主，意思是把一维数组看做是将二维数组的每行都依次首尾链接而获得的数组，如图 4-3 所示。

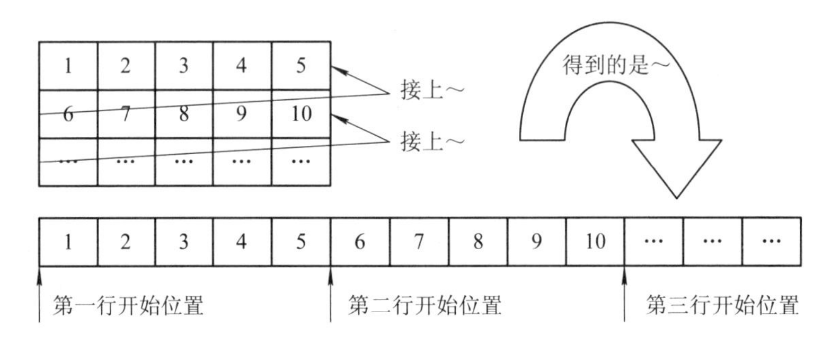

图 4-3

这样子，得到的一维数组就是以行为主表示的了。

那你猜猜如果想访问某个特定元素的值，应该怎么访问咧？

我们来看看，这样拼接完之后，原来的第二行第一个元素 a[1][0]变成了一维数组里第六个元素，即下角标为 $5+0=5$ 的元素；第二行第二个元素 a[1][1]是一维数组中的第七个元素，即下角标 $5+1=6$ 的元素；以此类推的话，第三行第一个元素和第三行第二个元素 a[2][1]分别变成了下角标 $5\times2+0=10$ 和 $5\times2+1=11$ 的元素。

哎，不对啊！第六个元素怎么会是第 $5+0$ 个元素呢？嘿嘿，忘了一维数组的第一个元素下角标是 0 了吗，所以第六个元素的下角标是 $5+0=5$ 啊。

也就是说，以行为主的表示法里，原二维数组的元素在一维数组中的所在位置是：

$$行下角标\times一行的元素个数+列下角标$$

2) 以列为主的表示法

看完了以行为主的表示法，你能猜到以列为主怎么表示了吗？

以列为主的表示法就是把二维数组的每一列都依次连起来得到的一维数组，如图 4-4 所示。

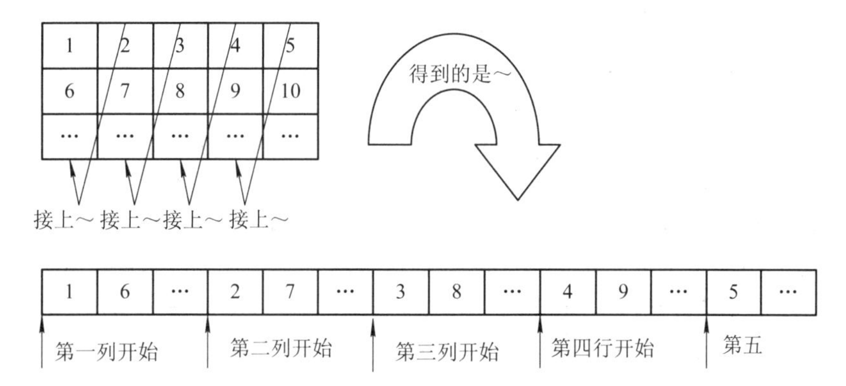

图 4-4

这样的话，访问特定元素要怎么写下角标呢？例如这次要访问 a[2][1]的话，该怎么写咧？

这回要先写列数了，因为这次的一维数组是按列排的序。那么原来的 a[2][1]就成了现在下角标为 1×3+2=5 的元素，即第六个元素。

所以，在以列为主的表示法里，原二维数组的元素在一维数组中所在的位置是：

列下角标 × 一列的元素个数 + 行下角标

普遍情况下，C 语言编译器采用的是以行为主的表示法，所以我们想法中的二维数组在内存中是如图 4-5 所示这样的一个一维数组。

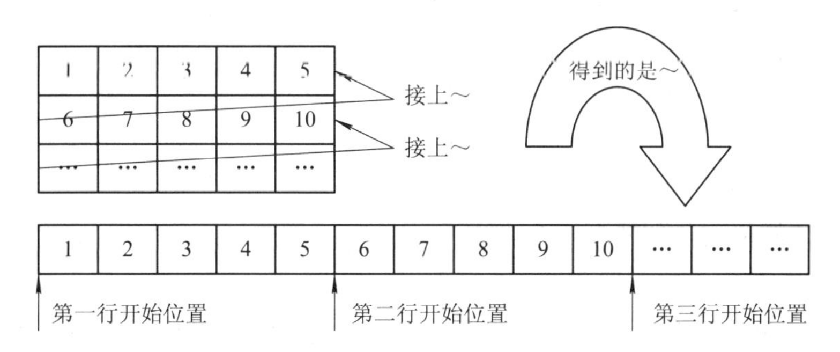

图 4-5

这样子一来，上面例子中

```
void Function(int (*array)[10]);
```

用 int(*array)[10]这种指向一维数组的指针来表示二维数组的各个行就好理解了。

好吧，我知道有些人还不知道“指向数组的指针”是什么，别急，从下一节开始就会陆续介绍到喽～

最后，我们来给数组在内存中的形态做一个简单总结：

数组在内存上的理解简单而言就是存在于堆区或者栈区的一段地址连续的内存空间，这段内存空间的每个元素根据定义时的数据类型，用于存放特定数据类型的数据，并通过偏移量来访问全长中各元素的内容。

我们前面讲过堆区和栈区的区别，数组被定义时的内存申请方式决定了其位于堆区还是栈区。一般来说，人为使用 malloc 这类内存动态申请函数定义的数组空间位于堆区，反之位于栈区。这样一来就又有可能出现一种很有趣的情况。什么情况咧？嘿嘿，先留个悬念，讲完指针后在 4.10 节告诉你～

4.2 指针说：怪我喽?

指针这个特性绝对是 C 语言最强大却又最让人头大的功能之一。

作为一门高级语言，C 允许我们自己使用指针，这给了我们很大的发挥空间。其他像 C#、JAVA 那样的所谓的高级语言是不让用户自行操作指针的，虽然它们看起来没有指针，其实到处都是指针，只是用户控制不了而已。

当然 C 语言的这个优势用不好就绝对是灾难。所以搞清楚指针的用法很重要。

这节先把普通教材中介绍的内容回顾一下，再略提升一点，然后从另一个角度来理解指针。

首先定义一个指针：

```
int x = 100;
int *p = &x;
```

就这样两句语句就有 3 个含义：

(1) p 是一个整型的指针变量。

(2) p 所存储的是整型变量的地址(比方说上面存储的就是整型变量 x 的地址)。

(3) 使用*p 可以得到整型变量 x 的值。

由此可见，指针也是一种变量，它存储的是和自己数据类型相同的变量的地址。

为了更好理解指针，先来看个例子：

```
#include<stdio.h>
int main(void)
{
    int x = 100;
    int y = 200;
    int *p = &x;
    printf("x 变量的地址是%p，值为%d\n"，&x，x);
    printf("y 变量的地址是%p，值为%d\n"，&y，y);
    printf("p 的地址是%p，p 存贮的内容是%p，*p 的值是%d\n"，&p，p，*p);
    p = &y;
    printf("p 的地址是%p，p 存贮的内容是%p，*p 的值是%d\n"，&p，p，*p);
    return 0;
}
```

这段代码的运行结果如图 4-6 所示。

```
x变量的地址是0240FF20,值为100
y变量的地址是0240FF1C,值为200
p的地址是0240FF18,p存贮的内容是0240FF20,*p的值是100
p的地址是0240FF18,p存贮的内容是0240FF1C,*p的值是200
Press any key to continue...
```

图 4-6

代码里的：

```
int *p = &x;
```

其实是

```
int *p;
p = &x
```

的合写，表示将&x 赋给 p，而不是将&x 赋给(*p)，定义时的那颗“星星”(间接访问符)*表明 p 是个指针变量。

从结果可以看出，p 的地址和 p 存储的地址不是一个东西，即&p 和 p 不一样。可以用图 4-7 来辅助理解。

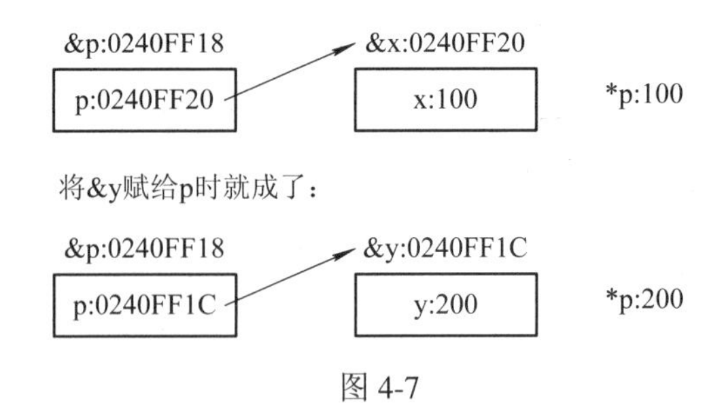

图 4-7

这样再次说明了指针是一种存储的值是地址的，可以通过间接访问符“*”间接访问自己所存储的地址内的值的一种变量，它自己也是一种变量，有自己的地址。与普通变量不同的是，它存储的是和自己数据类型相同的变量的地址而不是特定的值而已。

顺带一提，其实取址符&和间接访问符*是可以相互抵消的哦，也就是说 int *&a；与 int a；是等效的哦(不过一般不会有人无聊到定义*&a 吧……)。

这样也就可以理解*p 为什么可以得到 x 和 y 的值了。因为 p 里存的值相当于&x、&y，当 p 加上间接访问符*时，*p 就相当于*&x、*&y，也就是 x、y 了。

好吧，我知道如果我单单这么讲，估计很多人还是对指针有种云里雾里的感觉……

指针真的就有那么晦涩那么高冷吗？怎么可能，指针说：我并没那么难，你们自己吓自己，怪我喽？换种思维来看，指针其实是如图 4-8 所示的这么个东西。

图 4-8

路标？对，路标～其实从现实中的例子来看，指针和路标十分相像。在程序中指针指向特定的地址，同时指针本身也是有实体的，需要占用内存空间的变量；而现实生活中的路标也是有实体的实物，并且它指向的也是特定的建筑或目标。程序中指针指向的地址所拥有的内存空间大小不定，但任何数据类型的指针本身占用的内存空间都是一样的；而现实生活中的路标指向的目标也是大小占地规模不定，而指向任何地方的路标本身大小都是一样的。在程序中不能给指针赋值非地址类型的值，就好比不能在路标上建设建筑物，你看，是不是可以完全类比呢～

这样一来我们再来解释一遍上面那段例子代码：

```
#include<stdio.h>
int main(void)
{
    int x = 100;
    int y = 200;
    int *p = &x;
    printf("x 变量的地址是%p，值为%d\n"，&x，x);
    printf("y 变量的地址是%p，值为%d\n"，&y，y);
    printf("p 的地址是%p，p 存贮的内容是%p，*p 的值是%d\n"，&p，p，*p);

    p = &y;
    printf("p 的地址是%p，p 存贮的内容是%p，*p 的值是%d\n"，&p，p，*p);
    return 0;
}
```

首先整型变量 x、y 是两个“建筑”，它们两个所在的“地理位置”分别是 0240FF20 和 0240FF1C ；整型指针 p 是一个“路标”，它可以指向“建筑” x，也可以指向“建筑”y，这个“路标”本身所在的“地理位置”是 0240FF18；当“路标”指向“建筑”x 时，“路标”上的内容为 0240FF20，即其箭头指向“建筑”x 所在的“地理位置”0240FF20；当它指向“建筑”y 的时候也同理。

所以，当你觉得指针难以理解的时候，不妨将它类比成路标，说不定会有意外收获哦～

哦，可能有人会对我前面说的“任何数据类型的指针本身占用的内存空间都是一样的”这句话存在疑问。

现在试一下就知道喽～

```
#include <stdio.h>
struct test
{
    int test;
    char name[10];
};
typedef struct test* Test_ptr;
int main(void)
{
    int (*test_i)[10];        //数组指针
    double (*test_d)[5];
    float (*test_f)[8];
    char (*test_c)[6];
    void *void_ptr;           //空类型指针
    void (*fp)(int x);        //函数指针
    int *test_ip[10];         //指针数组
    Test_ptr struct_ptr;      //结构体指针
    printf("基础数据类型指针大小(字节)分别为：\n int*:%d\n double*:%d\n
float:%d\n char*:%d\n short*:%d\n long*:%d\n", sizeof(int*), sizeof(double*),
sizeof(float*), sizeof(char*), sizeof(short*), sizeof(long*));
    printf("数组指针大小(字节)分别为: \n test_i:%d\n test_d:%d\n test_f:%d\n
test_c:%d\n", sizeof(test_i), sizeof(test_d), sizeof(test_f), sizeof(test_c));
    printf("函数指针大小(字节)：%d\n", sizeof(fp));
    printf("指针数组大小(字节)：%d\n", sizeof(test_ip));
    printf("结构体指针大小(字节)：%d\n", sizeof(struct_ptr));
    printf("空类型指针大小(字节)：%d\n", sizeof(void_ptr));
    return 0;
}
```

运行结果如图 4-9 所示。

```
基础数据类型指针大小(字节) 分别为:
 int*:4
 double*:4
 float:4
 char*:4
 short*:4
 long*:4
数组指针大小 (字节) 分别为:
 test_i:4
 test_d:4
 test_f:4
 test_c:4
函数指针大小 (字节) : 4
指针数组大小 (字节) : 40
结构体指针大小 (字节) : 4
空类型指针大小 (字节) : 4
Press any key to continue...
```

图 4-9

从中可以看出，在同一系统环境下所有指针占用的字节数都是彼此相同的，其中指针数组包含了 10 个指针元素，所以是 40 个字节，其中各元素占用的也都是 4 个字节。

这段代码里提前出现了一些后面才会介绍的指针类型，如果不清楚它们的话也不需要担心，后面都会有介绍的。现在你只要有“指针可以类比成路标，而且任何类型的指针在相同系统环境下占用内存空间大小彼此相同”这个概念就好了～

指针的内容还远远不止如此，后面还有更多的介绍，接下来先来介绍下二重指针吧～

4.3 知道了指针，二重指针也不在话下～

介绍完了普通的一重指针，再来介绍两颗“星星”：二重指针的用法。

说白了，二重指针是“指向指针的指针”，类比成路标的话就是“指向路标的路标”。

老规矩，为了方便理解，还是先写个例子啦：

```
#include<stdio.h>

int main(void)
{
    int x = 100;
```

```
    int *p1 = &x;
    int **p2 = &p1;

    printf("int x = 100; \nint *p1 = &x; \nint **p2 = &p1\n");
    printf("&x = %p\n", &x);
    printf("&p1 = %p p1 = %p\n", &p1, p1);
    printf("&p2 = %p p2 = %p\n", &p2, p2);
    printf("**p2 = %d *p1 = %d\n", **p2, *p1);

    return 0;
}
```

这段代码的运行结果如图 4-10 所示。

```
int x = 100;
int *p1 = &x;
int **p2 = &p1
&x = 0018FF40
&p1 = 0018FF3C p1 = 0018FF40
&p2 = 0018FF38 p2 = 0018FF3C
**p2 = 100 *p1 = 100
Press any key to continue
```

图 4-10

同样这里的

```
int **p2 = &p1;
```

换成两步的话就是

```
int **p2;
p2 = &p1
```

表示把&p1 赋值给了 p2，而不是(**p2)，那两颗“星星”**是代表这是在定义一个双重指针。

把这个化成图解就如图 4-11 所示。

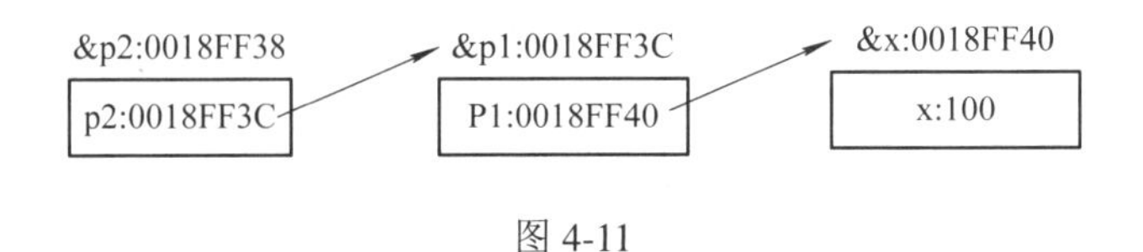

图 4-11

*p2:0018FF40(即&x)，**p2:100(即 x)，*p1：100。

因为取址符和间接访问符可以抵消的，p2 就相当于&p1 或&&x，所以*p2 相当于 p1 或&x，**p2 才相当于*p1 或 x。也就是说，要想从 p2 指针访问 x

的值就需要先经过 p1，所以要多一颗“星星”(间接访问符)。

如果再类比成路标的话，就可以这么理解：

首先整型变量 x 是个“建筑”，它所在的“地理位置”是 0018FF40；整型指针 p1 是一个“路标”，它可以指向“建筑”x，这个“路标”本身所在的“地理位置”是 0018FF3C；当“路标”指向“建筑”x 时，“路标”上的内容为 0018FF40，即其箭头指向“建筑”x 所在的“地理位置”；同时整型指针 p2 是一个指向“路标”的“路标”(现实生活中都是要经过好几个路标的指引最后才能到达目的地)，这个“路标”的“地理位置”是 0018FF38，它指向距离“建筑物”x 更“近”的“路标”p1，即“路标”p2 的作用是帮助找到“路标”p1，而不是直接找到“建筑物”x，所以“路标”p2 指向的“地理位置”是“路标”p1 的“地理位置”，即 0018FF3C。

其实只要明白指针的原理，理解起来并不复杂。

在这得补充一句，指针在未初始化前不能随意调用哦，因为很多时候未初始化的指针并不是没有内容的，里面的垃圾数据被用作地址时很可能会指向一个你不想让它指的地方(比方说系统核心程序的内存地址等)，结果调用时可能会出现很糟糕的结果。因此一般在定义指针后，都要人为把它的内容赋值为 NULL，再在使用它的时候赋值有效的地址。一般我们把指向 NULL 的指针称为空指针。

说到空指针就不得不提到另一种指针：空类型指针，二者听起来很像，但实际上完全不是一回事。这个将在 4.11 节介绍。

赋值时要注意，NULL 不要写成 NUL，NUL 是 ASCII 码中用于结束一个 ASCII 字符串的标志，而 NULL 用于指针的话，表示指针哪也不指向，即我们刚才所说的空指针。其宏定义如下：

```
#define NULL ((void *)0)
```

这样就又引申出一个很有意思的问题，即空指针内容可不可以被输出呢？即类似这样：

```
int *ptr = NULL;
printf("%d", *ptr);
```

这样子合法吗？先留个想念，将在后面“函数和指针”一节解疑。

三重指针？如果能真正理解两重指针，那么三重四重甚至 N 重指针都可以理解，但在正式编程中可能几乎用不到。

二重指针虽然没有普通指针那么常用，但绝不是没用。当把地址作为参数传入函数时，由于传值调用的特殊性，有些情况是普通指针解决不了的，这时就需要二重指针了。这个也将在 4.8 节进行详细介绍。

下一节开始深入一些了哦，放心，你绝对没问题的～

话说要深入的话，有个东西就必须讲清楚，它就是左值和右值。

4.4 左值？右值？

在讲指针与数组的异同之前，应该先搞清楚啥是左值，啥是右值？

拿个赋值语句做例子吧：

```
x = y;
```

这俩变量是什么类型不重要，重要的是对这句话的理解。

你觉得这句话的意思是啥咧？乍看之下，就是把 y 的值赋值给 x，但实际上这句话里的 x 并非是 x 变量，而是指代 x 的地址。

还记得我在前面说过的吗，变量的名称和其地址是绑定的，例如这里 x 的地址是 0018ff33，那么 x 与地址的关系就是类似图 4-12 所示的一个整体。

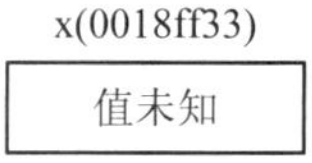

x(0018ff33)

值未知

图 4-12

所以 x = y; 这句话的意思其实是将 y 地址里的内容赋值给 x 所在地址的空间，具体理解可参见图 4-13。

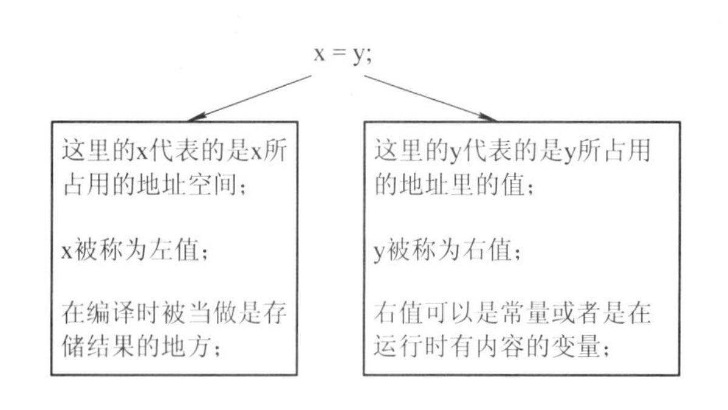

图 4-13

由此可见，左值必须是一个既有地址又能存储内容的东西，即变量，常量以及被声明为常量的变量不能用在赋值语句左边作为左值。

```
1 = x;
```

```
#DEFINE N 5
N = x;
```

上述代码在编译时，编译器都会报错说常量不能为左值。同样右值必须是一个有内容的量，否则无值可赋，这样，如果编译器没查出来的话，程序有 bug 想查都不知道是哪的问题。

总结一下就是，赋值语句中赋值运算符左边的值，它必须是一个变量；右值是赋值运算符右边的值，它必须是常量或是有内容的变量。未初始化的变量不可以作为右值。

前面我们也提到过，就是因为有这个原因，所以很多同学习惯将 if 语句中的相等判断写成将变量放在左边的样子：

```
if(20 == x)
```

因为这样如果不小心将“20==x”误写成了“20=x”的话，编译是通不过的，因为 20 这个常量被当做左值了。

讲这个只是想告诉你，在 C 语言中，我们用一个符号表示了两个东西，即用变量名既可以表示变量的内容，也可以表示变量的地址，也正是因为如此，C 语言中又引入了取址符(&)来代表取变量地址。说到取地址的话，大家肯定会有这样的疑惑：“取址符到底啥时候要加？对数组、结构体或者函数要加吗？”，这个将会在“4.5　数组与指针的区别”、“4.9　结构体与指针”和“4.8　函数与指针：深入理解传址调用”节分别进行介绍。

记得如果以后编译器报错说什么左值右值的问题的话，就去查赋值语句吧，十有八九是赋值的问题～

好了，接下来就是要好好讲讲指针和数组的异同了～

4.5　数组与指针的区别

一个很让人震惊的事实是，很多同学认为数组和指针是相同的，而且甚至我在写这本书的时候参考的一些国内书籍上都说[]和*是完全等效的。

这句话其实真的不完全对，在后面的章节会说它为什么不完全准确。

为什么说指针和数组不是一个东西呢？一个例子就足以说明：

```
int *p;
int a[100];
```

```
int x = 10;
```

这时如果你写

```
p = &x;
```

这段代码一点问题都没有。

但是

```
a = &x;
```

是绝对会报错的。

等一下！如果指针和数组相同的话，那么 p = &x；就是将 x 的地址给了 p，*p 就等于 10 了，那么以此类推 a = &x；就应该是将 x 的地址给了数组的首地址 a 了，a 就应该等于 10 啊？哎，可惜，这是不可能的。因为变量名和其地址空间从定义起就是绑定而不可改变的，数组也不例外，它的数组名和地址空间也是绑定而不可变的。在编译器分配之后，它只有地址空间里的值可以改变，但是数组与一般变量相比这种绑定又有些不同，因为数组名的值其实是一个指针常量，指向的是数组在内存中的起始位置。举例来说：

```
int a[100];
```

这个数组名其实就是一个 const int *类型的指向 a[0]的指针常量，也正是因为数组名是指向数组内存中起始位置的，所以

```
int a[100];
int *b;
b = &a[0];
b = a;
```

中 b = a；和 b = &a[0]；是等效的。

说到这，就有了个疑问：&a 代表什么呢？ 估计大家在学 C 语言的时候老师一定强调过将数组作为参数提供给函数的时候千万不能写&a 这样取地址，原因在于数组名是一个指针常量，对其取地址产生的结果是一个指向数组的指针。以上例为例，&a 取出的是一个 int* [100]类型的即指向长度为 100 的一维数组的指针，而我们本意是将数组的地址传入函数而不是将指向数组的指针地址传入，这样就会造成类型不匹配，编译器会报类似“error: cannot convert 'int (*)[100]' to 'int*' for argument '1' to 'void function(int*)'”的错误或者类似“warning: passing arg 1 of 'function' from incompatible pointer type”的警告。

虽然数组名是一个常量指针，但对其使用 sizeof 关键字进行长度计算时，返回的并不是指针长度，而是整个数组的长度；但当对其进行取址操作时，

返回的则是一个指向数组的指针的大小。举个例子：

```
#include <stdio.h>

int main(void)
{
    int a[100];
    void show(int *a);

    show(a);

    printf("%d %d %p %p\n", sizeof(a), sizeof(&a), a, &a);


    return 0;
}

void show(int *a)
{
    printf("%d %d %p %p\n", sizeof(a), sizeof(&a), a, &a);
}
```

这段代码的运行结果将非常有意思，也非常有代表性。

首先这段代码中定义了一个长度为 100 的数组名为 a 的整形数组，并声明了一个名为 show()的函数，该函数通过指针形参 a 接收了数组 a 的首地址，并通过 sizeof(a)，sizeof(&a)输出自身形参 a 的大小，并输出 a 和&a 的地址，同时在 main 函数中对数组 a 也做了相同操作。结果如图 4-14 所不。

```
4 4 0240FD90 0240FD78
400 4 0240FD90 0240FD90
Press any key to continue...
```

图 4-14

首先输出的是 show()函数中的这句话：

```
printf("%d %d %p %p\n", sizeof(a), sizeof(&a), a, &a);
```

从结果可以看出，形参 a 是一个指针，它存储的是数组 a 的首地址，即 a[0]地址的拷贝。所以 sizeof(a)和 sizeof(&a)大小均为 4 个字节，更有意思的是，输出的 a 和&a 的地址，前面我们说过，形参 a 存储的是数组 a 的首地址即 a[0]地址的拷贝，所以输出 a 的地址结果为 0240FD90，通过与下一句中输出的地址比较可以发现它就是数组的首地址。而这个&a 输出的则是形参指针

a 自身的地址，为什么说这个结果有意思呢？因为这里说明了一个问题，就是其实所谓的传址调用归根到底也是一种传值调用，不过这里传的“值”是地址罢了。所以对地址空间内的操作也不是像 C++的引用那样直接操作，而是通过形参指针里的地址拷贝进行寻址后再进行操作，也就是说，如果直接对形参指针的内容进行修改，并不能实现实参的真正修改。搞懂这点很重要，也正是因为有这个特点，我们在某些情况下才需要使用二重指针，这个将在“4.8 函数与指针：深入理解传址调用”一节进行详细介绍。

这里我们继续分析刚才这段代码。刚才说完了 show()函数的输出结果，我们再来看看 main 函数中的

```
printf("%d %d %p %p\n", sizeof(a), sizeof(&a), a, &a);
```

这句所输出的结果。从结果可以看出对数组名使用 sizeof 关键字进行长度计算时返回的并不是指针长度，而是整个数组的长度，但当对其进行取址操作时，返回的则是一个指向数组的指针的大小，这与我们前面的介绍一致。再来看看输出的 a 和&a 的地址，发现地址是相同的，均为数组的首地址。但是要注意的是，就像我们前面说过的，两者所代表的类型并不相同。&a 的地址代表的是一个指向数组的指针的地址，而 a 的地址则是数组的地址，将两者误用时编译器就会报出类似“error: cannot convert 'int (*)[100]' to 'int*' for argument '1' to 'void function(int*)'”的错误或者类似“warning: passing arg 1 of 'function' from incompatible pointer type”的警告。

至于具体报出错误还是警告，将根据编译器的代码优化能力和审查严格程度而定。

说了这么多，那问题来了：既然说数组名是指针常量，那这个数组名本身要不要占用内存空间呢？

对于这个问题，其实我也是比较纠结的，我个人是认为不占用内存的。就像我们刚才那段代码中显示的那样，输出数组名的地址和对数组名取地址输出的地址是相同的，只是类型不同。由此可见数组名虽然是一个指针常量，但在编译时依然可以看做是一个标识符。所谓标识符就比如你定义的变量名就是标识符，是不占用内存的。所以数组名也是不占用内存的。

说完了数组名，我们再接着来看数组和指针的区别。说到数组和指针的区别，就不得不先讲一下指针和数组各自的工作原理。

1. 数组的工作原理

编译器在检查数组的时候，只会记下它的首地址，而会自动忽略它的长度(所以在函数声明时可以只写 int a[]而不用写长度，而且在函数声明时指针

和数组是可以互换的，也就是说 int a[]和 int *a 都可以。不过要记住，是在函数声明时才等效)，因为数组是通过首地址加偏移量来访问每一个元素的。假设首地址为 1200，则如图 4-15 所示，编译器会根据首地址和偏移量直接访问各元素地址和地址内的值。

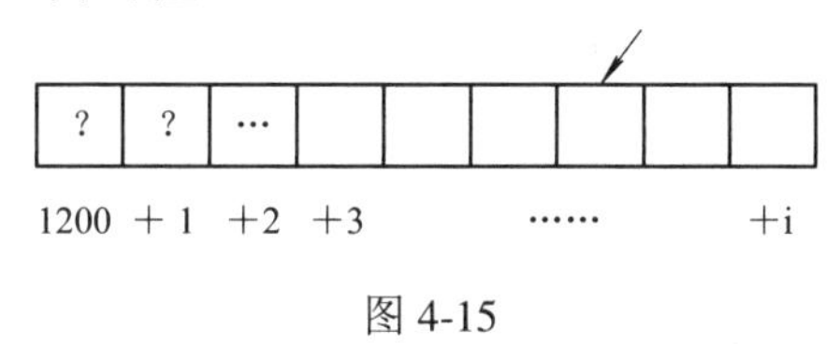

图 4-15

2．指针的工作原理

指针是一个变量，在定义的时候它只有自己的地址，并没有存储别人的地址。

所以当指针被赋值之后才能被编译器访问，编译器每次要访问由指针指向的内存地址时，都先要去访问指针变量的地址来获取它所存储的地址，然后再去访问该地址。

假设指针的地址为 1100，目标地址为 1200，则执行过程如图 4-16 所示。

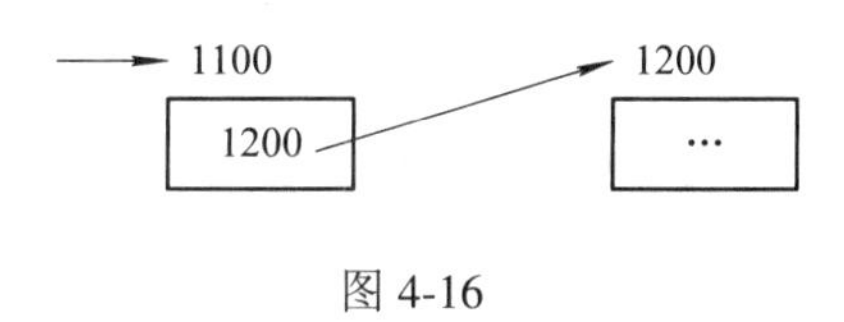

图 4-16

3．指针的数组型引用

如果定义了一个指针变量，然后赋值给它一个数组的首地址使其按数组的方式引用，会发生什么咧？

会发生以上两种工作方式的结合体。编译器会先去访问指针获取数组的地址，然后再根据首地址加偏移量的方法间接访问数组各元素，将图 4-15 和图 4-16 结合，如图 4-17 所示。

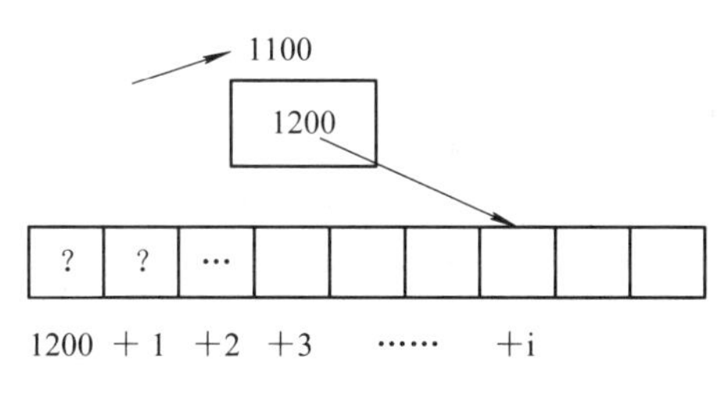

图 4-17

到这里，数组这种指针常量和真正的指针变量的区别就都出来了：

(1) 指针保存的是其他数据地址，数组直接保存数据。

(2) 指针是间接访问数据每次访问都要通过指针，数组是通过首地址加偏移量的方式直接访问。

(3) 指针存储的地址可变常用于动态数据结构，数组地址不可变通常用于存储固定数目且数据类型相同的元素。

(4) 指针指向别人，数组指向且只能指向自己。

由此可见，数组指针真的是不同的。那为什么会有人认为它们相同呢？那是因为在某些特定情况下，它们两个是可以互用的，下一节我们就来介绍它们“相同”的那些特定情况。

4.6 指针和数组何时“相同”？

说到底，数组和指针在有地方是可以互用的，不然不会有那么多人认为它俩等效。的确，在有些特定情况，它俩确实是互通的，甚至在实际中用到的可互换的情形要多于不可互换的情形。

什么时候数组和指针可以互用？可互用的有两种特定情况。

1. 函数声明作为函数参数时

在函数声明作为函数参数时，数组和指针可以互用，例如：

int foo(int a[]，int b[])；可以写成 int foo(int *a，int *b)；因为编译器只会向函数传递数组的地址而不会将整个数组拷贝，所以函数中的形参数组在编译时会被编译成指针形参，就是把上面的前者自动变成后者。这也就能解释为什么在调用函数时如果形参是数组，就要写成指针形式而不是数组形式。例如：

```
foo(a, b);
```

而不能写成

```
foo(a[100], b[100]);
```

因为函数要接收的是数组的地址，而不是整个数组。

2. 在语句表达式中的数组在编译器眼里就是指针

在语句表达式中对数组的下角标引用总可以写成指向数组首地址的指针加上偏移量的引用，因为在编译器“眼里”，语句表达式中的数组就是指针。例如：

```
int a[10];
int i;
int *p;
p = a;              //a 本身就是数组的首地址，不需要加取址符
for(i=0; i<10; i++)
```

这时对 a[i]的引用就可以写成*(a+i)，也就是一个指向数组首地址的指针加上数组的偏移量。

其实编译器在编译时总是会自动把 a[i]这种引用改写成*(a+i)的形式，C 语言标准要求每个编译器都必须拥有这种概念性行为。主要还是因为底层硬件的操作模式就是首地址加偏移量，所以这也是为了迎合硬件。同时也能从此看出，在表达式语句中，二者是完全可互换的，因为它们在编译器里的最终形式都是指针。

那么，什么时候数组和指针不可互用？只要是牵扯到声明的，都是不互通的。声明包括定义和声明，定义本质是一种特殊的声明。

例如：

```
extern char a[];
```

就不能改写成

```
extern char *a;
```

否则格式不匹配。

int a[100]和 int *a 无论如何都不可能相同，int *a 只是定义了一个指针变量，编译器只会为它分配指针本身的空间；

int a[100]是定义了一个数组，编译器会为它分配一块连续 100 个内存空间。

定义指针时编译器不会为指针所指向的对象分配空间，但在这里有一个特例，如果定义的是一个字符型指针，并赋值给它一个字符串常量进行初始化，那么编译器会为字符串常量在文字常量区分配空间。如：

```
char *p ="“hello world";
```

只有字符串常量才可以，其他的如 double int 都不行。

```
double *pi = 3.14   //编译会报错
```

其实，对于编译器而言，一个数组就是一个地址，一个指针就是一个地址的地址，永远不可能一样。我们在写代码时之所以会有二者互通的情况，是因为这些情况在编译时会被编译器统一改写成指针这一种方式表示而已。而其他由于本质不同不能改写的情况就成了不互通。(^_^)

说完了互通的情况，再讲数组的指针表示就轻松多啦～

4.7 数组的指针表示

既然在表达式里数组和指针是可以互换的，那就来看看数组是怎么用指针表示的吧。其实这个也算是回顾教科书上内容。

在 C 语言里，其实说到数组指的就是向量，也就是一维数组，而且在实际中也是一维数组用得比较多。

由于前面有过好几次预热，所以其实这里用一句话就讲完了：把对数组的下角标引用改成一个指向数组首地址的指针加上数组偏移量。

a[i] 等价于 *(a+i)

for 循环时：

```
for(i=0; i<10; i++)
{
   a[i] = i;
}
```

就等价于

```
for(i=0; i<10; i++)
{
   *(a+i) = i;
}
```

二维数组也是一脉相承的，只不过要通过两个下角标才能找到具体位置，所以

a[i][j]等价于*(*(a+i)+j)，

i 表示行，j 表示列，如图 4-18 所示。

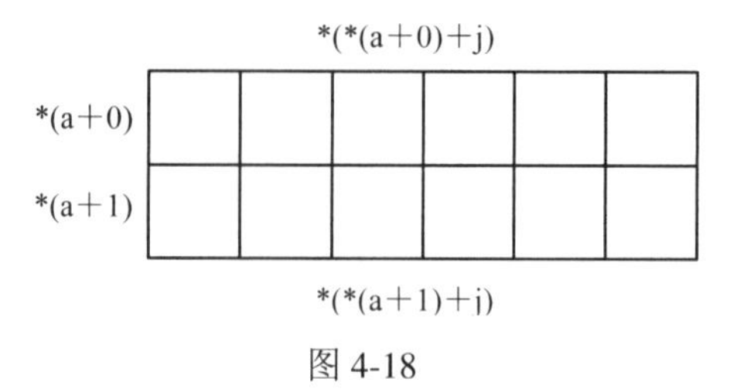

图 4-18

当然，图 4-18 所示这张图的形态是假想的。真实在编译器那里的是一个以行为主表示二维数组的一维数组，这里为了方便理解，就画成了我们更容易接受的假想版本。

至于二维数组如果想写成 for 循环应该怎么写咧？请同学们自己试试看。

这里有时候会用到我们前面说过的这样一种指针 int (*p)[5]; 它表示的是 p 是一个指向一个有 5 列的整型一维数组，或有 5 列的整型二维数组的某一行的指针变量。这类指向数组的指针在二维数组中较为常用，用来指向其某一行的一维数组，类似这样：

```
int a[3][4];
int (*p)[4] = &a[0];
p = &a[2];
```

这里对数组名使用取址符就是完全合理的了，反而如果不用取址符将引起编译器报出类型不匹配。因为对数组名加取址符返回的是一个指向数组的指针类型的地址，这里我们要进行赋值的对象就是一个指向数组的指针，所以要加取址符，使得类型匹配。

至此，数组的指针表示就算是告一段落了，接下来将介绍的是函数与指针那些不为人知的秘密……

4.8 函数与指针：深入理解传址调用

Swap 函数你肯定还有印象吧，课堂上经常被拿来做例子，而且上一章讲函数的时候我也用到过，而且当时就说过后面还会用到。这不，这个家伙又“杀”回来了……

讲函数的时候我们是这样写的：

```
#include <stdio.h>
void Swap(int a, int b)
{
    int temp;

    temp = a;
    a = b;
    b = temp;
```

```
        printf("a = %d b = %d\n", a, b);
}
int main(void)
{
        int a, b;
        void Swap(int a, int b);
        scanf("%d%d", &a, &b);
        Swap(a, b);
        printf("a = %d b = %d\n", a, b);
        return 0;
}
```

当时说过其实这样子 main 函数中的实参的值并没有改变，只是形参的值改变了而已，这就是 C 中的传值调用。

而这次我们要讲的是另一种调用方式：传址调用。

把这个函数稍稍改一下，这回 main 函数中的实参可是真的改变了哦～话说这样算不算剧透啊～

```
#include<stdio.h>
void Swap(int *a, int *b)
{
        int temp;
        temp = *a;
        *a = *b;
        *b = temp;
        printf("a = %d b = %d\n", *a, *b);
}
int main(void)
{
        int a, b;
        void Swap(int *a, int *b);
        scanf("%d%d", &a, &b);
```

```
    Swap(&a，&b)；
    printf("a = %d b = %d\n"， a， b)；

    return 0；
}
```

为了便于查看变化，所有修改过的地方都进行了加粗处理。

这次我们把函数接收的形参改为了指针类型，也就是说这回 Swap 函数收到的是 a、b 的地址并直接对其地址中的值进行操作，所以 a、b 的值会随之改变。

说到这里，想再问个问题，如果我这么写：

```
void Swap(int *a，int *b)
{
    int *temp；

    temp = a；
    a = b；
    b = temp；

    printf("a = %d b = %d"， *a， *b)；
}
```

a、b 的值会互换吗？俗话说“眼过千遍不如手过一遍”，试一下不就知道了。

```
#include<stdio.h>
void Swap(int *a，int *b)
{
    int *temp；

    temp = a；
    a = b；
    b = temp；

    printf("swap 函数中:\na = %d b = %d\n"， *a， *b)；
}

int main(void)
{
```

```
    int a, b;
    void Swap(int *a, int *b);

    scanf("%d%d", &a, &b);
    Swap(&a, &b);
    printf("main 函数中:\na = %d b = %d\n", a, b);

    return 0;
}
```

运行一下，输入 a = 12，b = 34 结果就成了这个样子：

```
12 34
swap函数中:
a = 34 b = 12
main函数中:
a = 12 b = 34
Press any key to continue...
```

从结果可以看出来，在 swap 函数中的 a、b 的值互换了，而 main 函数中则没有。

哎，为什么会这样呢？

还记得我在4.5节里举的那个当时说过很有代表性的例子吗？就是这个：

```
#include <stdio.h>

int main(void)
{
    int a[100];
    void show(int *a);

    show(a);

    printf("%d %d %p %p\n", sizeof(a), sizeof(&a), a, &a);


    return 0;
}

void show(int *a)
{
    printf("%d %d %p %p\n", sizeof(a), sizeof(&a), a, &a);
}
```

当时这个例子的运行结果是这样的：

```
4 4 0240FD90 0240FD78
400 4 0240FD90 0240FD90
Press any key to continue...
```

这两个例子是同类型的，接下来就对这两个例子做一下解析，为什么会出现刚才的那种运行结果以及解决方法。

当时讲这个例子的时候说过，输出这个结果说明了一个问题，就是其实所谓的传址调用归根到底也是一种传值调用，不过这里传的“值”是地址罢了。所以对地址空间内的操作也不是像 C++的引用那样直接操作，而是通过对形参指针里的地址拷贝进行寻址后进行操作。也就是说如果直接对形参指针的内容进行修改，并不能实现实参的真正修改。这回我们把这个过程图解一下，说到图解自然要用到图 4-19 喽。

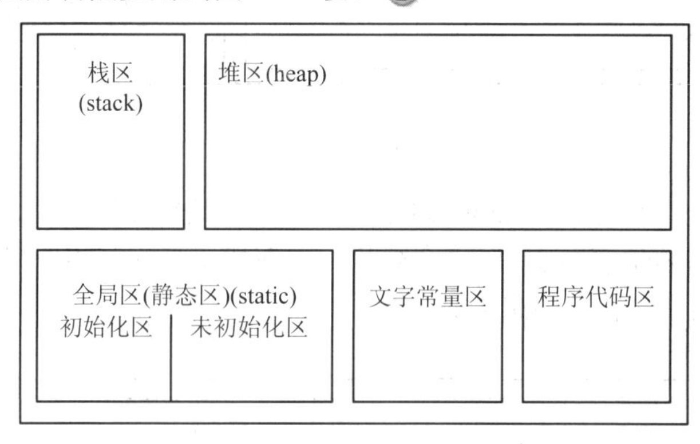

图 4-19

在这个例子中，首先要先在栈区中定义一个长度为 400 字节的可容纳 100 个整型元素的数组。这次我们将栈区按照它“后进先出”的特点来画成如图 4-20 所示的样子。

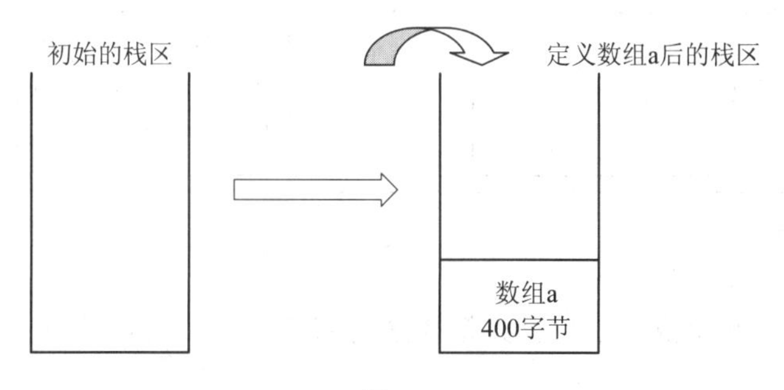

图 4-20

之后代码中声明了一个函数原型 void show(int *a)；在编译时编译器将根据该函数的具体实现将其编译为二进制形式存入程序代码区，并在代码中调用了该函数的位置使用函数指针指向该函数在程序代码区的地址，如图 4-21 所示。

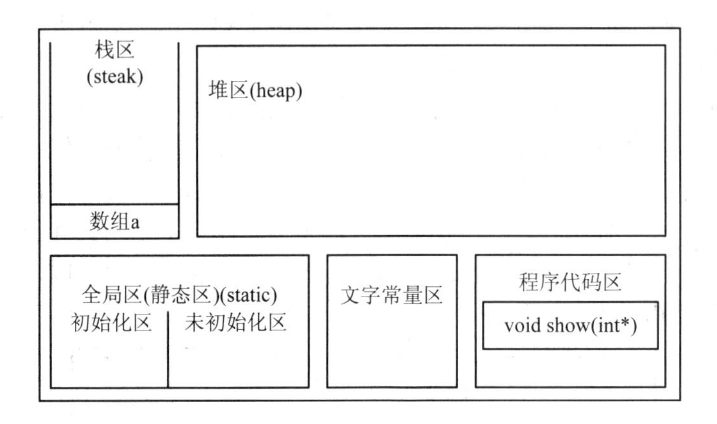

图 4-21

接下来代码中调用了 show()这个函数，并将数组 a 作为参数传入。此时 show()函数实现的二进制代码将会被执行并在栈上分配其相应局部变量内存空间以实现函数执行，如图 4-22 所示。

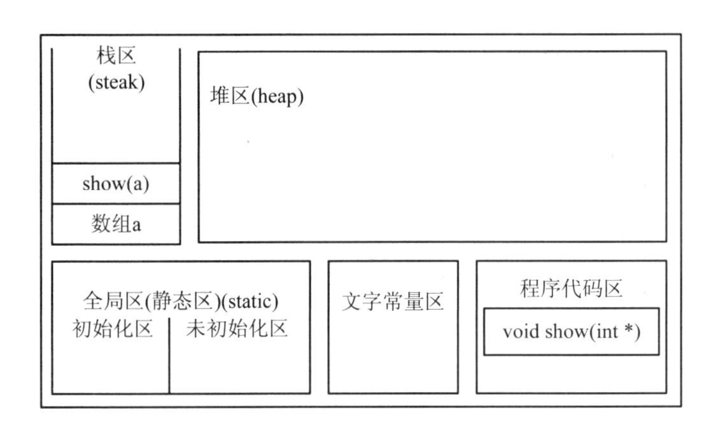

图 4-22

OK，接下来重点来了～首先把栈区内部放大，如图 4-23 所示。

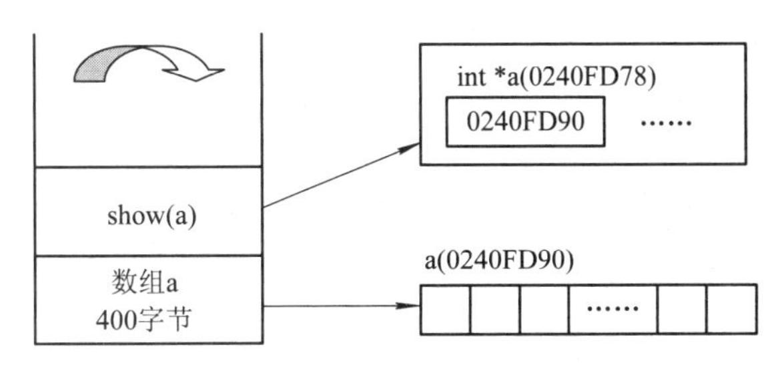

图 4-23

在函数中，我们把数组 a 的首地址赋值给了形参指针 int *a，然后函数再通过形参指针中的地址来获取数组的实际地址。

OK，解释到这，就可以来解释为什么我们刚才那个例子运行会得出如下结果了：～

```
12 34
swap函数中:
a = 34 b = 12
main函数中:
a = 12 b = 34
Press any key to continue...
```

这次我们直接画出栈区的最终局部放大图，如图 4-24 所示。

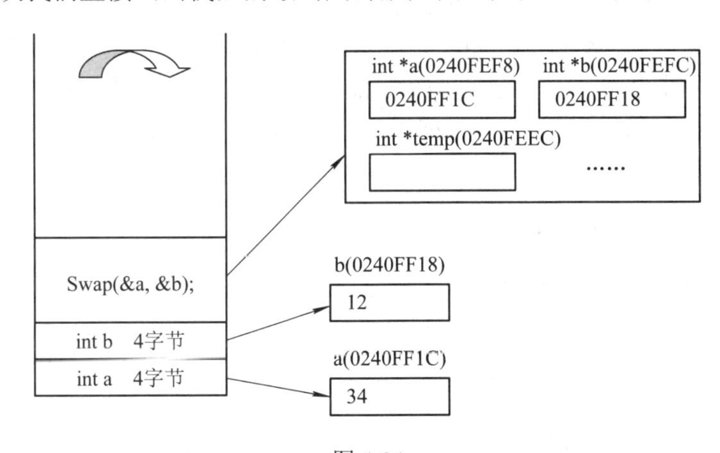

图 4-24

图 4-24 是 Swap()函数刚入栈并赋值形参的状态，接下来它将执行下面这段代码：

```
temp = a;
a = b;
```

```
b = temp;
```

执行完成后，栈区局部放大如图 4-25 所示。

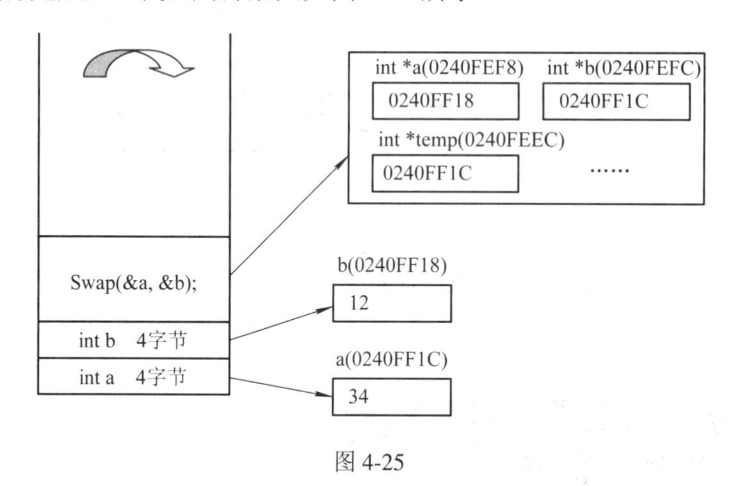

图 4-25

即形参指针的指向由原来的形参指针 a 指向变量 a、形参指针 b 指向变量 b 改变成了形参指针 a 指向变量 b、形参指针 b 指向变量 a ，所以函数中的 printf 输出结果是成功“调换”了两个“变量”的值(其实是形参指针指向地址发生了变化)，而在 main 函数中的实际变量的值并没有变化。

认识到所谓的传址调用也只是特殊的传值调用这点很重要，就像例子中那样，形参指针指向是很容易被改变的，所以并不能保证通过形参指针的操作总是符合我们的预期。比方说下面这段代码：

这是一道很流行的面试题哦～

```
#include <stdio.h>
#include <string.h>

void getchange(char *p)
{
    p = "hello world~";
}

int main(void)
{
    char *str = NULL;
    getchange(str);

    printf("%s\n", str);
```

```
    return 0;
}
```

请问这段代码的运行结果会是怎样的？

这段代码很明显不能输出“hello world~”的结果，因为就如我们前面讲过的 getchange 中 p 是形参指针变量，getchange (str)调用后传给形参指针的是 str 的地址，但这个地址在 getchange 函数里被一个常量字符串赋值了新的地址。最简化的不画各种区不深究各变量具体地址的图解如图 4-26 所示。

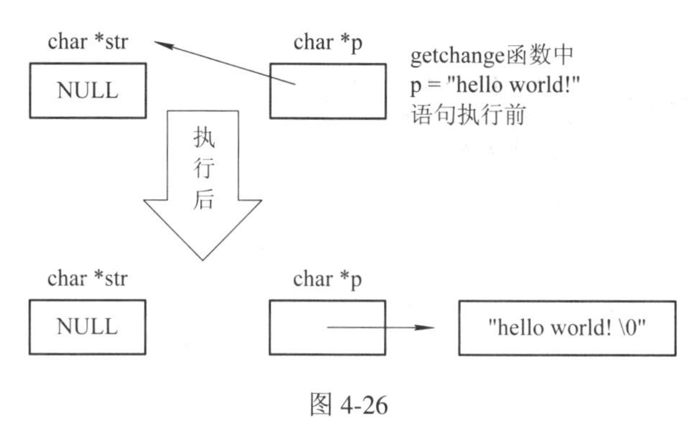

图 4-26

这就与我们前面的例子犯的错误一样喽～

所以这段代码最终输出的内容为空，类似这样：

```
(null)
Press any key to continue
```

至于如何纠正这个错误呢？嘿嘿，这个前面我们“剧透”过，对的，就是使用二重指针。

把上面代码改成下面样子再试试。

```
#include <stdio.h>
#include <string.h>
void getchange (char **p)    //形参指针 p 改成二重指针
{
    *p = "hello world~";
}
int main(void)
```

```
{
    char *str = NULL;
    getchange (&str);
    //str 地址类型是指针，所以&str 的地址类型就是二重指针喽
    printf("%s\n", str);

    return 0;
}
```

这回的运行结果就没问题了，如下所示：

```
hello world
Press any key to continue
```

那为什么使用二重指针就解决了呢？继续最简化图解吧，见图 4-27。

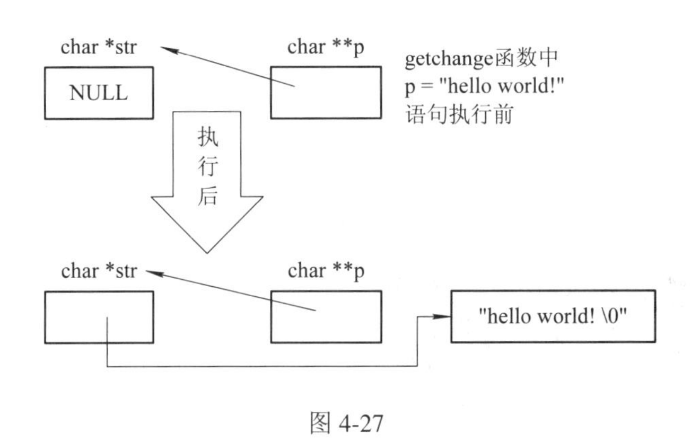

图 4-27

好吧，可能还会有点迷惑，那就再换个展示方式。

首先我们要明确的是这次函数中的形参指针 p 已经是一个二重指针了，即一个指向指针的指针，也就是我们前面类比的“指向路标的路标”；而 str 是一个指针，也就是我们类比过的“指向建筑物的路标”；因为形参指针类型与 str 类型不一致，所以对 str 指针进行了取址后赋值给形参指针 p，对 str 指针进行取址即 getchange (&str); 和 getchange (str); 其实传入的地址是相同的，但类型不同，前者是二重指针类型，后者是普通指针类型，这个和我们前面对数组名取址和不取址时的结果相同。OK 话不多说，直接上图。

首先我们的形参指针 p 指向了我们的指针 str，然后我们的 str 指向 NULL，如图 4-28 所示。

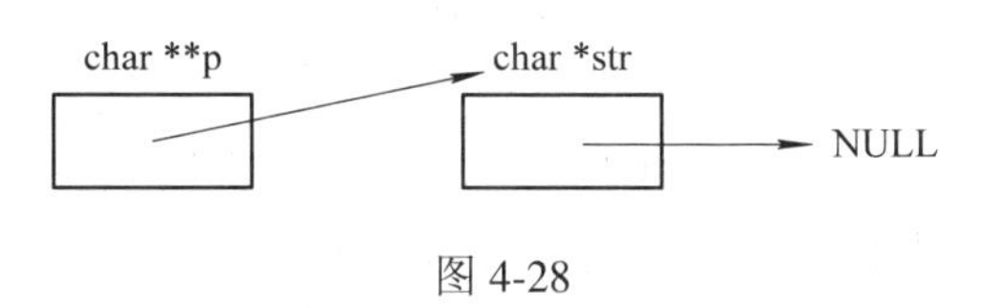

图 4-28

之后我们对*p 进行了赋值，对其赋值了一个常量字符串(实际是将常量字符串在文字常量区中的首地址赋值给了*p)。前面我们讲过，对于指向“路标”的“路标”，带一颗“星星”代表它指向的“路标”；带两颗“星星”代表它指向的“路标”所指向的“建筑物”。所以这里它是对它指向的“路标”的指向进行了修改，即修改掉了它指向的“路标”所指向的“建筑物”。结果如图 4-29 所示。

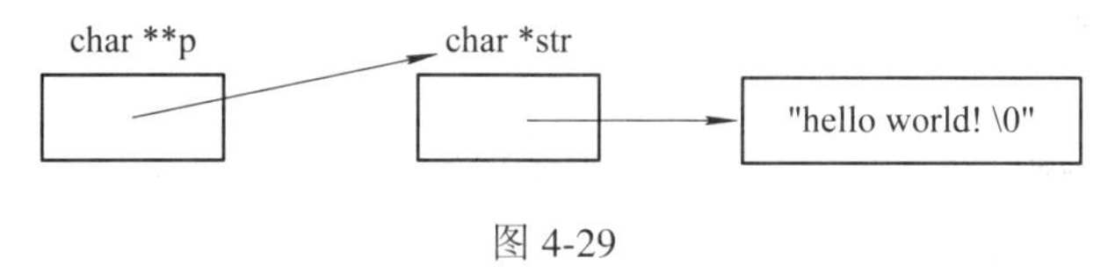

图 4-29

这样不知道会不会好理解些呢？

这个例子在后面的“指针与内存动态分配”一节将会有升级版，那个到时候再说，接下来我们介绍下返回类型为指针的函数以及函数指针——返回指针的函数与指向函数的指针(好像绕口令😁)

这俩货不光说的时候像绕口令，长得也绝对相像……如下：

```
int *fp(int a);
int (*fp)(int a);
```

你看，长得像吧……

这里第一个是返回指针的函数，第二个是指向函数的指针。

我们先从第一个说起吧。

返回指针的函数，顾名思义，就是一个返回值为指针变量的函数。

正常返回整型变量的函数是这么写的：

```
int fp(int a);
```

加了颗“星星”就代表着它的返回值变成了整型的指针变量：

```
int *fp(int a);
```

除了返回的是个指针变量以外，它和正常函数没有什么区别。

至于指向函数的指针，其实如果了解面向对象的原理之后就会发现，在类中的成员函数就是通过指向函数的指针来访问程序代码区的函数代码的，这个以后再说，先来看看指向函数的指针长什么样子：

```
int (*fp)(int a);
```

在指针外加个括号是为了强调优先级，声明它是一个指向接收形参为一个整型变量返回值为整数型值的函数的指针……(更像绕口令了…囧)

也就是说它声明自己是一个指向形似 int fp(int a)；这样的函数的指针，这个函数必须返回值为整型，接收形参为一个整型变量，否则和函数指针的格式不同会造成类型不匹配。

```
int add(int b);
int (*fp)(int a);
fp = add; //编译通过

int add(int b, int a);
int (*fp)(int a);
fp = add;  //编译不通过，形参个数不匹配

double add(int b);
int (*fp)(int a);
fp = add;  //编译不通过，返回值不匹配
```

如果匹配成功的话，所有调用 int add(int b)；的地方都可以用 int (*fp)(int a); 替代，即 add(x) == (*fp)(x);。

好吧，这里一定会有人问：把函数的地址复制给函数指针的时候要不要加取址符咧？前面我们说过对数组地址赋值时不能加取址符，因为会造成类型不匹配，那在函数指针这里有没有这个问题呢？

嘿嘿，这个我也不知道哎，那我们实践一下试试吧！

就用刚才这个例子吧，这里稍微做些修改，新定义一个函数指针 fun_ptr~：

```
#include <stdio.h>
#include <string.h>

void getchange (char **p)    //形参指针 p 改成二重指针
{
    *p = "hello world~";
}

int main(void)
{
```

```
        char *str = NULL；
        void (*fun_ptr)(char **p)；
        fun_ptr = getchange；
        fun_ptr (&str)；
       //str 地址类型是指针，所以&str 的地址类型就是二重指针喽
        printf("%s\n"，str)；
        return 0；
    }
```

首先我们先尝试不加取址符的函数地址赋值，即上面代码中的

```
    void (*fun_ptr)(char **p)；
    fun_ptr = getchange；
```

尝试使用 gcc 编译，结果编译通过无错无警告，运行结果与没有使用函数指针时的结果一致：

```
hello world~
Press any key to continue
```

接下来我们再尝试一下加取址符的函数地址赋值，代码如下：

```
    #include <stdio.h>
    #include <string.h>
    void getchange (char **p)    //形参指针 p 改成二重指针
    {
        *p = "hello world~"；
    }
    int main(void)
    {
        char *str = NULL；
        void (*fun_ptr)(char **p)；
        fun_ptr = &getchange；
        fun_ptr (&str)；
        //str 地址类型是指针，所以&str 的地址类型就是二重指针喽
```

```
        printf("%s\n", str);

        return 0;
    }
```

与刚才那个例子唯一不同就是 fun_ptr = &getchange；一句加了个取址符。

尝试使用 gcc 编译，结果编译通过无错无警告，运行结果也与没有使用函数指针时的结果一致。

```
hello world
Press any key to continue
```

OK，初步证明，在函数指针这里，赋值函数地址使不使用运算符“&”进行取址操作结果都是相同的。好吧，肯定会有人问：那实际上到底是不是相同的呢？

嗯，是相同的。

为什么呢？

前面我们说过，函数最后会被以二进制形式存放在程序代码区，在代码中的所有针对该函数的调用都会使得程序通过特定寻址方式找到这段用于函数实现二进制代码并执行。而它在程序代码区中找的方式是通过各函数在程序代码区的起始地址，这个地址已经是不可再分的了，即对这个地址再次取址结果依然是这个地址本身。数组那里之所以使用“&”运算符会造成类型不匹配是因为函数名有指针常量这个特殊性，而这个特殊性在函数地址这里并不成立。

可能又会有人问为什么要讲函数指针呢？前面说过，如果把函数指针放在结构体中，可以实现面向对象中类的成员函数的效果，我们可以通过对结构体中函数指针赋值不同的函数地址来简单实现面向对象编程中的成员函数甚至多态。如果是用在代码中，虽然可能用的不多，但是它在提高代码功能灵活性上有着很好的优势。

刚才说到了结构体，接下来我们就来介绍一下结构体指针吧～

4.9 结构体与指针

结构体指针其实和前面讲到的指针差不多，不同的就是它指向的是一个结构体的首地址，调用结构体时编译器都是传递结构体首地址给函数的。和处理数组形参一样，编译器会将结构体形参改写成指针形式，指针的内容就是结构体的首地址(这里就默默的提示你：它也存在指针被重定向的可能)。

要定义结构体指针，首先要有个结构体原型啦～

```
struct student
{
    int age;
    char name[10];
    char sex[5];
};
```

有了这个结构体原型，创建结构体指针如下：

```
struct student *stu;
```

这样 stu 便是一个 student 结构体的结构体指针。

```
struct student stu1;     //定义一个名为 stu1 的 student 型结构体
struct student *stu;     //定义名为 stu 的 student 型结构体指针
stu = &stu1;             //将 stu1 结构体的首地址赋值给结构体指针 stu
```

这样操作后(*stu).age 便与 stu1.age 等效，都是访问的 stu1 结构体中的 age 成员变量。不过我们通常针对使用结构体指针访问结构体不会使用类似(*stu).age 的写法，因为有更便捷和直观的“箭头”写法，即写成 stu->age 的形式。

要记住的是，结构体指针和其他指针一样，在定义时编译器只会给指针变量本身分配空间。所以说在结构体变量不指向任何结构体时，是不能被赋值的，因为它没有存放各成员变量的空间。

如果想让结构体指针拥有空间，可以通过 malloc()一类的动态内存申请函数向系统申请。

```
struct student *stu;
stu = (struct student *)malloc(sizeof(struct student));
```

malloc 函数在申请空间时需要强制转换，所以加了(struct student *)使其申请的内存与 student 类结构体匹配。

通过 malloc 申请的空间是位于堆内存上的，需要我们手动释放，所以不需要时要使用 free()函数释放空间。

```
free(stu); //释放 stu 指针所指向的空间
```

(至于 malloc()、free()这些函数，下一节将会着重介绍。)

这样用特定结构体定义的结构体指针只能用于该类结构体，比方说用 student 类结构体定义的 stu 指针就只能指向 student 类的结构体，这是结构体指针需要注意的一点，类型要匹配。

说到堆区内存，还记得那个图(图 4-30)吗？

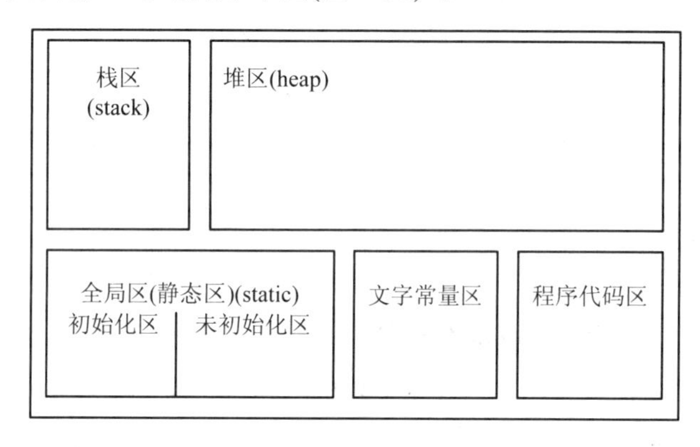

图 4-30

正常定义结构体时(像 struct student stu1)分配的空间是在栈区上的；而通过 malloc 函数申请的是在堆内存上的。堆、栈的区别还记得吗？忘了的话别忘了回头看看哦～(☺)

不知道大家刚才有没有注意到啊，我在对结构体指针 stu 赋值结构体 stu1 的地址的时候使用了“&”运算符进行取址操作，如下：

```
struct student stu1;      //定义一个名为 stu1 的 student 型结构体
struct student *stu;      //定义名为 stu 的 student 型结构体指针
stu = &stu1;              //将 stu1 结构体的首地址赋值给结构体指针 stu
```

那么如果不取址不可以吗？即如果我写成这个样子

```
stu = stu1;
```

能够成功进行地址赋值吗？

很遗憾，并不能。

如果写成不带取址操作的版本，编译器会报出类似

```
error: incompatible types in assignment
```

这样的类型不匹配错误。

那又为什么会说类型不匹配呢？

因为结构体名并不代表结构体的首地址，对结构体名添加“&”运算符进

行取址操作后才代表结构体首地址。

那问题又来了:结构体名既然不代表结构体的首地址,那它代表什么呢?

这个嘛，举个例子吧～

```
#include <stdio.h>

struct student
{
    int age;
     char name[10];
     char sex[5];
};

int main(void)
{
    struct student stu;

    printf("%d %d\n", sizeof(stu), sizeof(&stu));

    return 0;
}
```

gcc 编译后运行结果如下：

```
20 4
Press any key to continue...
```

由此可见，对结构体名直接使用 sizeof 关键字计算大小，获得的是整个结构体的大小；如果对使用“&”运算符后的结构体名进行 sizeof 计算大小，获得的是结构体第一个成员的大小(例子中的结构体第一个成员为 int 类型，占用大小即为 4 字节，而结构体总大小为 20 字节，至于内存对齐方法请参见附录)也就是说其代表的地址为结构体中第一个成员的首地址，也就是整个结构体的首地址。而相比之下，结构体名代表的则更倾向于结构体的整体，它没有什么特殊的意义，但由于它代表整体，所以可以用来进行结构体的直接赋值。

嗯，这样子就又来了一个问题：什么是结构体直接赋值?

嘿嘿，我们再来个例子吧～

```
#include <stdio.h>
#include <string.h>

struct student
{
      int age；
      char name[10]；
      char sex[5]；
}；

int main(void)
{
     struct student stu1， stu2；

     stu1.age = 20；
     strcpy(stu1.name， "mypxk")；
     strcpy(stu1.sex， "m")；

     stu2 = stu1；

     printf("stu1: %d %s %s &stu1: %p\n"，stu1.age，stu1.name，stu1.sex，&stu1)；
     printf("stu2: %d %s %s &stu2: %p\n"，stu2.age，stu2.name，stu2.sex，&stu2)；


     return 0；
}
```

运行结果如下：

```
stu1: 20 mypxk m &stu1: 0240FF00
stu2: 20 mypxk m &stu2: 0240FEE0
Press any key to continue...
```

由此可见 stu1 与 stu2 结构体内成员内容完全相同，而且地址也彼此独立，证明 stu2 = stu1；

这种直接赋值在同类型结构体间是可行的，而且并不是简单的指针指向，而是值传递，这就是我们所说的结构体的直接赋值。

至此结构体指针告一段落喽。

4.10 内存的动态申请、内存泄漏以及野指针

在上一节中我们接触到了 malloc 这种动态申请内存的函数，这节我们着重介绍一下内存的动态申请以及其相关注意事项。

说到动态内存申请函数的话，其实远不止 malloc 一个哦，常用的还有 calloc、realloc 以及一个不算常用的 alloca。在使用它们任何一个之前，要确认自己已经在代码中包含了<malloc.h>或包含有<malloc.h>的头文件。

接下来就先从我们最熟悉的 malloc 开始介绍吧～

malloc()、free()函数

这是 C 语言中最常见的用来申请堆空间的函数，前面说过(见 2.3、2.4 节)堆栈的区别，也说过堆空间是在程序运行时动态确定的，所以这里就不啰嗦啦～

malloc()和 free()的基本概念以及基本用法。

函数原型及说明：

void *malloc(long NumBytes)：该函数分配了 NumBytes 个字节，并返回了指向这块内存的指针，如果分配失败，则返回一个空指针 NULL。

关于分配失败的原因，应该有多种，比如说系统当前可分配空间不足就是一种。所以在使用通过 malloc()函数申请的空间之前，一定要检验其是否申请成功。

void free(void *FirstByte)：该函数是将之前用 malloc 分配的空间还给程序或者是操作系统，也就是释放了这块内存，让它重新得到“自由”，可以被再次分配。

比方说：

```
char *ptr = NULL; //定义一个字符串指针
ptr = (char *)malloc(100 * sizeof(char)); /*使用 malloc 函数申请 100 个字符型变量的空间并将 ptr 指针指向其首地址*/
if (NULL == ptr) //检查空间是否申请失败
{
    return 1; //返回值非 0，表明是非正常退出
}
gets(ptr); //如果申请成功就使用其进行字符串输入
```

```
// code...
free(ptr); //释放 ptr 指针所指向的空间
ptr = NULL; //将 ptr 指向修改为空
// code...
```

这段并不完全的代码就已经足够解释 malloc()和 free()函数的用法啦～

这里首先先定义了一个字符串指针，并指向为 NULL。然后通过语句

```
Ptr = (char *)malloc(100 * sizeof(char));
```

将其指向了通过 malloc()函数向堆空间申请的 100 个字符型变量的储存空间，即一个长度为 100 的字符串数组。

其中语句

```
(char *)malloc(100 * sizeof(char))
```

非常有意思。它前面的(char *)强制转换表示这段内存是要存放字符型内容，即指定了申请的这段内存要存的是什么。至于为啥要进行强制转换，是因为前面我们看见过 malloc 函数的原型是 void *malloc(long NumBytes)，即返回的内存空间的数据类型为 void*类型，也就是所谓的泛型类型。我们可以在使用它的时候对其进行强制转换，一般的习惯用法是在 malloc 返回这块空间时就强制转换成我们需要的类型，以避免后续可能产生的类型不匹配问题。

而 malloc(100 * sizeof(char))则是说明了这段内存的长度，这里又使用到了 sizeof()关键字，对，别忘啦它是 C 的一个关键字而不是函数～(☺)

sizeof(char)表示的是一个 char 字符型变量所占用的内存大小，而 100 * sizeof(char)则表示它要申请的是 100 个这么大的连续空间，即一个长度为 100 的字符串数组。

然后要做的事情就是在使用这段空间前先检查一下 malloc()是否真的成功申请了空间，检验方法就是 ptr 指针的指向是否是 NULL，如果是 NULL 就证明申请空间失败了。这个时候就说明内存空间已经十分紧张，不应该再继续运行程序了，所以应该结束程序并返回给系统一个非 0 值，表示该程序是异常退出。即

```
if (NULL == ptr) //如果空间申请失败
{
    return 1; //返回值非 0 即可，表示是非正常退出
}
```

反之如果申请成功了，就可以继续操作并使用这段空间啦。这里的例子

是用来进行字符串输入。

最后，到了再也用不上这段空间时，就可以使用 free()函数释放这段空间了。

free()函数的用法是：

```
free(要释放的空间的首地址);
```

因为在这里 ptr 指针指向的是申请到的空间的首地址，所以这里的写法是：

```
free(ptr);
```

因为释放之后这段空间中的内容就已经不存在了，所以让 ptr 指针继续指向那里是不明智的，这时的 ptr 指针就成了所谓的“野指针”。比较妥当的方法是将它再次赋值成空指针，即指向为 NULL，至于野指针的危害，将会在本节稍后的篇幅介绍。

至此，通过 malloc()函数申请到的空间就已经被释放掉了，但被释放掉的空间的内容真的是已经完全不存在了吗？嘿嘿，这个也要留个悬念，在本节后半段介绍野指针的时候揭晓。

这里需要注意的是内存申请和释放这两个函数应该是配对使用，如果申请后不释放就是内存泄露，而如果无故释放且释放的空间无人占用，那就是什么也没有做，反之可能会因为访问了非法内存而跳出段错误。同时释放只能一次，如果释放两次及两次以上可能会出现段错误(释放空指针例外，释放空指针其实也等于啥也没做，所以释放空指针释放多少次都没有问题)同时 free()函数只能释放由 malloc()、calloc()和 realloc()这类函数申请的堆空间，而不能用于释放编译器自动分配的栈空间等内存空间。

说完了最常用的 malloc()函数，我们再来介绍一下 calloc()和 realloc()吧。

其实这三者没有非常显著的区别，malloc 分配的内存是位于堆中的，并且没有初始化内存的内容，所以不保证每次申请的空间里面都是没内容的。

calloc 则将初始化这部分的内存，设置为 0。而 realloc 则对已经通过 malloc 申请的内存空间进行大小的调整。

这里 malloc()的用法通过上面的介绍咱们已经挺清楚啦。

比方说动态申请一个长度为 10 的整型数组的方式为

```
p = (int*)malloc(10*sizeof(int));
```

但是你知道如果用 calloc()函数应该怎么写吗？

应该是这样子的：

```
p = (int*)calloc(10，sizeof(int))；
```

也就是说 calloc 的用法是在括号里写要申请的元素个数和元素的单位长度，即 calloc(申请的元素个数，元素单位长度)，记得它和 malloc 一样也要有强制转换哦。

通过 calloc 申请的空间和 malloc 申请的空间不同的地方就是 calloc 申请的空间会被自动初始化，函数 calloc()会将所分配的内存空间中的每一位都初始化为零。也就是说，如果你是为字符类型或整数类型的元素分配内存，那么这些元素将保证会被初始化为 0；如果你是为指针类型的元素分配内存，那么这些元素通常会被初始化为空指针；如果你是为实型数据分配内存，则这些元素会被初始化为浮点型的零。这也是为啥要加上类似(int*)这样的强制转换的原因之一，因为只有这样 calloc 才能知道这段空间接下来将会存储什么类型的内容，然后它才知道该怎样给这段空间初始化嘛。

说完 calloc 那 realloc 又是怎么用的咧？

realloc 函数前面说到过是用来给 malloc 申请的空间扩容用的，用法是：

realloc(malloc 申请的空间的首地址，新长度)

比方说：

```
int *p；
p = (int*)malloc(10*sizeof(int))；
```

然后发现 10 这个长度不够用了，想改成 20，那就需要再加一句

```
p = (int*)realloc(p ，20*sizeof(int))；
```

这里整型指针变量 p 首先指向的是一个长度为 10 的动态申请的数组的首地址，然后因为长度不够了，所以使用了 realloc 函数想扩大长度，将原来的数组的首地址和希望扩大后的长度给了 realloc 函数，然后再将其新地址重新赋值给 p 指针。

哎，问题来了，realloc 函数最特别的地方就在这。

realloc 可以对给定的指针所指的空间进行扩大或者缩小，无论是扩大或是缩小，原有内存中内容将保持不变。当然对于缩小，则被缩小的那一部分的内容会丢失。但是 realloc 并不保证调整后的内存空间和原来的内存空间保持同一内存地址，相反 realloc 很可能返回的是一个新的地址。

这是因为 realloc 也是从堆上分配内存的，当扩大一块内存空间时，realloc()试图直接从堆上现存的数据后面的那些字节中获得附加的字节，如果能够满足，自然天下太平无需更换新地址；但是如果数据后面的字节不够，问题就出来了，那么就使用堆上第一个有足够大小的自由块，现存的数据然

后就被拷贝至新的位置，而旧块则放回到堆上。这句话传递的一个重要的信息就是数据可能被移动。

这话听着有点像绕口令似的，没事，我们来画图解释(见图 4-31)：

比方说这是原来 malloc 申请的空间，假设首地址是 100。

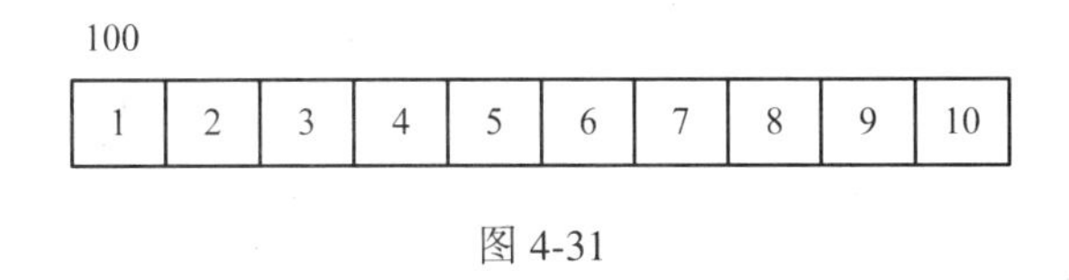

图 4-31

然后突然发现 10 个元素长度不够了，所以使用了 realloc 函数。

然后 realloc 函数开始执行，首先，它先试试能不能直接在选择的内存空间上直接增加空间，假设增加 2 个元素空间吧。(不然画出来长度太长。)

方案一：直接增加空间(见图 4-32)。

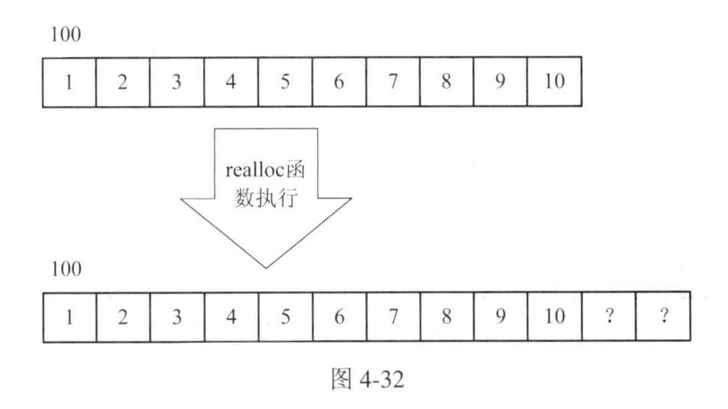

图 4-32

(1) 因为新增的两个元素空间还没有被赋值，所以其内容就拿“？”代替啦。

(2) realloc 函数执行结束，返回值为原地址。

这样子的话就是皆大欢喜。首地址并没有改变，也就是说在原地址上成功的扩充空间了。

但是并不是每次都能这么皆大欢喜的，如果这段内存已经没有足够的空间让 realloc 直接在原地址上扩充空间的话，realloc 就会向系统申请在其他地方的一块新空间，并且将当前空间内的数据拷贝过去，然后释放掉这段不够长的空间。

方案二：重新申请空间(见图 4-33)。

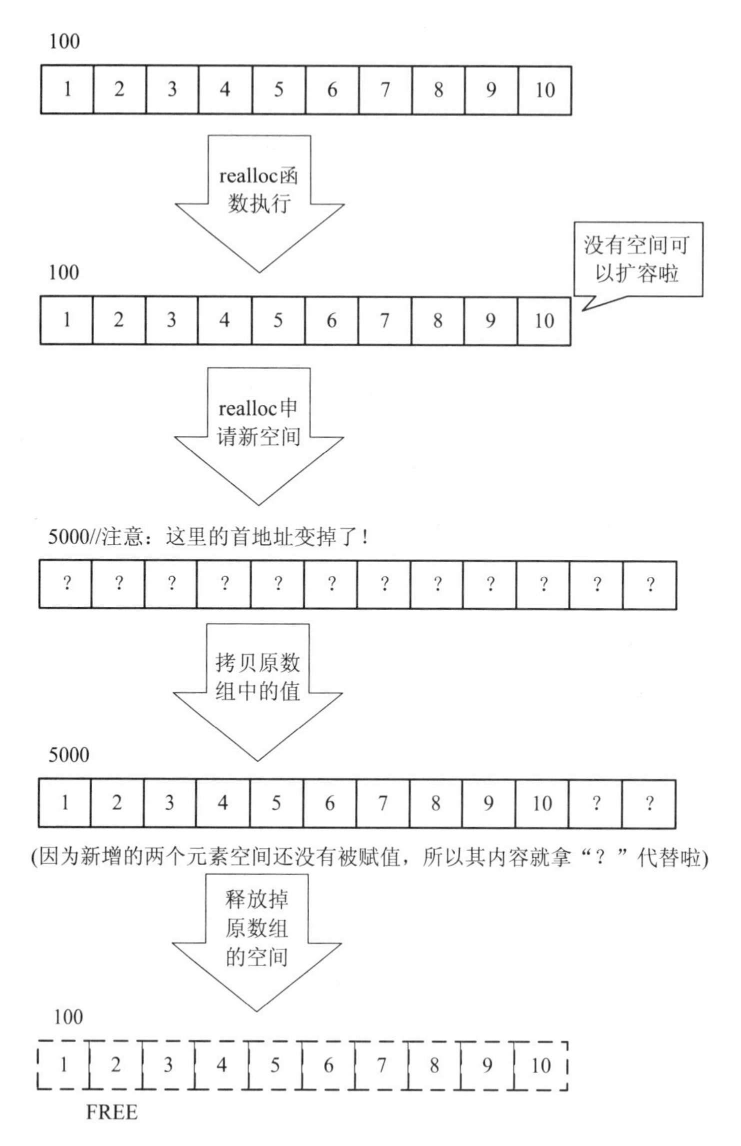

图 4-33

所以说了，realloc 这个函数极有可能给你返回个新地址，但这就有麻烦了啊！ 因为很有可能你原来有很多指针都是指向原来数组地址的，怎么办啊？没啥好办法了，只能将所有原来指向旧地址的指针全都重新赋值了。

为了以防万一，最好每次使用了 realloc 函数之后都将原来所有指向原地址的指针都重新赋值一遍，防止出现野指针。

哎，说到底，这个野指针到底是个啥啊!!!

别急，这回我们就来介绍一下野指针，顺便揭晓一下前面留下的一个悬念，就是被 free()释放掉的空间的内容真的是已经完全不存在了吗？

答案是不一定，接下来就告诉你为什么是不一定。

先写一段例子代码：

```
// code...
 char *ptr = NULL; //定义一个字符串指针
 ptr = (char *)malloc(100 * sizeof(char)); /*使用 malloc 函数申请 100 个字符型变量的空间并将 ptr 指针指向其首地址*/
 if (NULL == ptr) //检查空间是否申请失败
 {
     return 1; //返回值非 0，表明是非正常退出
 }
 gets(ptr); //如果申请成功就使用其进行字符串输入

 // code...
 free(ptr); //释放 ptr 指针所指向的空间
// code...
```

好的，代码就先只写这些。请问，在 free(ptr);语句执行完，ptr 指针的指向是哪里？我知道你一定会说，这段代码不就是前面那段例子代码嘛，所以 ptr 应该是指向 NULL 的啊！

嘿嘿，这段代码是前面的那段例子代码没错，但是我删掉了其中的一句话。删掉的是

```
ptr = NULL; //将 ptr 指向修改为空
```

如果说前面那段例子代码是因为这句话使得 ptr 的指向变为了 NULL，那么这回没有了这句赋值 ptr 的指向又是谁呢？

没错，它依然指向着已经被释放空间的那个长度为 100 的字符型数组的首地址，这便是野指针，即指向已经失效不可用或称非法地址的指针。

为什么说它指向的地址已经非法了呢？我们来图解一下这个过程，如图 4-34 所示。

这次的图解主要用到的只有堆区和栈区，所以就只画这两部分的图了。

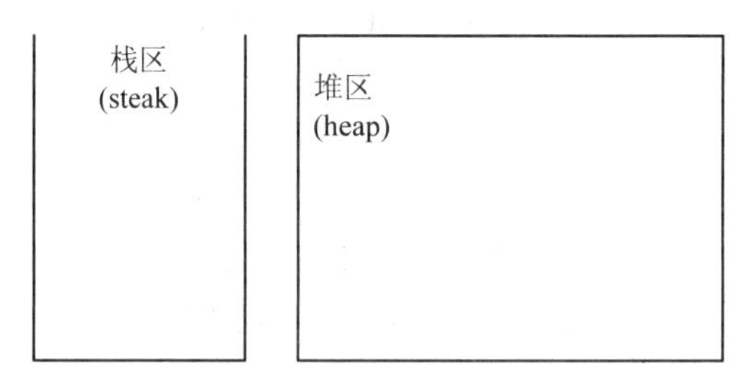

图 4-34

接下来我们来重新看这段代码，首先我们定义了一个名为 ptr 的字符型指针，并将它赋值为 NULL。因为它是系统自动分配的空间，所以位于栈上。类似图 4-35 所示情况。

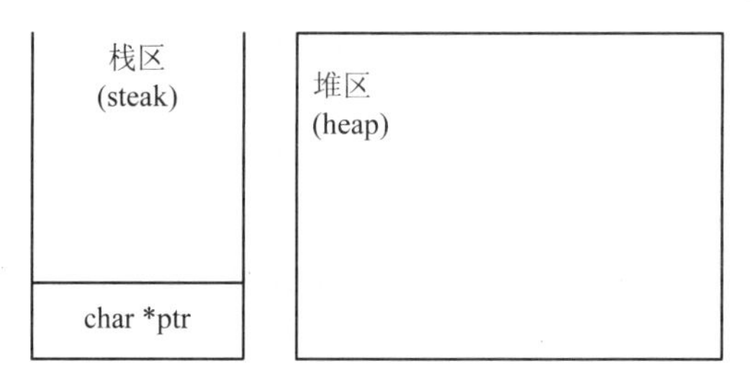

图 4-35

之后我们通过 malloc()函数申请了一个长度为 100 的字符型数组，并把其首地址赋值给 ptr 指针。因为它是我们人工申请的，所以位于堆上。这里我们假定这次申请是成功的，则堆区里就会有这样一段数组的空间(见图 4-36)。

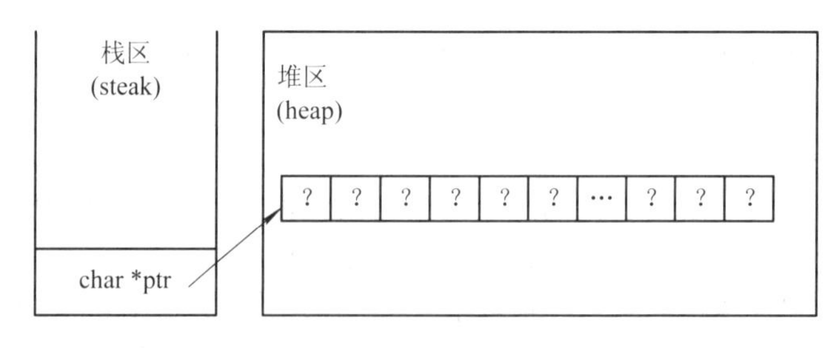

图 4-36

由于当前我们还没有对这个数组进行过赋值，而且通过前面对 malloc()函数的介绍知道它不会对申请的空间内容进行清理，所以当前数组中的内容是随机的。再接下来我们对这个数组通过 gets()函数进行赋值，这里暂且不介绍了。重点在于 free(ptr)；之后，此时堆区中的数组空间被释放了，而 ptr 指针依然指向这个数组原先的首地址。类似图 4-37 所示情况。

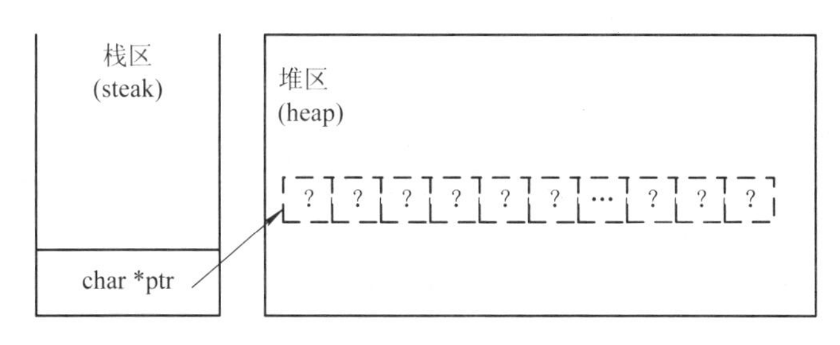

图 4-37

这样会产生什么问题呢？被释放的那段空间的所有权再次还给了系统，系统接下来就很有可能会再次将这段空间分配给别的程序。而我们的 ptr 指针依然指向着那个地址，这就可能会造成我们再次使用 ptr 指针的时候访问到了不属于我们的空间，会造成程序的崩溃或功能异常，严重的甚至会影响系统稳定。总之，造成的情况严重程度与那块内存空间被重新利用的形式与对象相关，这就是野指针的危害性。为了防止这种危害性情况发生，我们在释放掉堆区申请的空间后要将所有(注意是“所有”)指向了那块被释放的空间的指针赋值为 NULL，以防止产生野指针的情况。

哎，这里就有前面说过的那个疑问了：我们刚才释放掉的数组中的内容会在 free()函数执行的时候被删掉吗？被 free()释放掉的空间的内容真的是已经完全不存在了吗？

嗯，首先 free()函数只会将空间所有权还给系统，并不会清空空间中的内容，所以我们刚才释放掉的数组中的内容不会在 free()函数执行的时候被删除。至于被 free()释放掉的空间的内容是否真的是已经完全不存在了，前面说过，不一定。因为 free()函数将这块空间还给系统后，系统并不一定很快就会再次用到这块空间。也就是说，在没有被再次利用和分配之前，这段被释放的空间的内容依然是可用的。这也是为什么有时候即使访问了野指针指向的空间也能获得正确结果的原因，因为那段空间还没有被再次利用，里面的内容依然是我们原先的内容。之所以说不一定能用也正是因为这种可能性是随机的，所以被 free()释放掉的空间的内容在一段时间内真的是不一定已经完全不存在了。但是即便如此，我们也不要打这种空间中的内容的主意，毕竟这段空间的所有权已经不是你了。

说完了野指针，我们再来谈谈什么是内存泄漏。

所谓的内存泄漏指的是通过动态内存申请到的内存没有及时释放造成的内存空间丢失。

依然先写点例子代码：

```
// code...
char *ptr = NULL；//定义一个字符串指针
ptr = (char *)malloc(100 * sizeof(char))；/*使用 malloc 函数申请 100 个字符型变量的空间并将 ptr 指针指向其首地址*/
if (NULL == ptr) //检查空间是否申请失败
{
    return 1；//返回值非 0，表明是非正常退出
}
gets(ptr)；//如果申请成功就使用其进行字符串输入

// code...
ptr = (char *)malloc(10 * sizeof(char))；/*使用 malloc 函数申请 10 个字符型变量的空间并将 ptr 指针指向其首地址*/
// code...
```

我们首先定义了一个字符型指针 ptr 并且通过 malloc()函数对其赋值了一个长度为 100 的字符型数组的首地址，然后在后面代码中在没有释放第一个数组空间的情况下给 ptr 指针重新赋值了，该值为一个通过 malloc()函数申请的长度为 10 的字符型数组的首地址。此时第一次申请的数组空间已经没有指针指向它，并且也没有将其释放掉，这便是内存泄漏。为了更方便理解，接下来我们来图解这个过程。

和图解野指针的时候一样，由于我们只会用到堆区和栈区，所以还是只画这两个部分了，如图 4-38 所示。

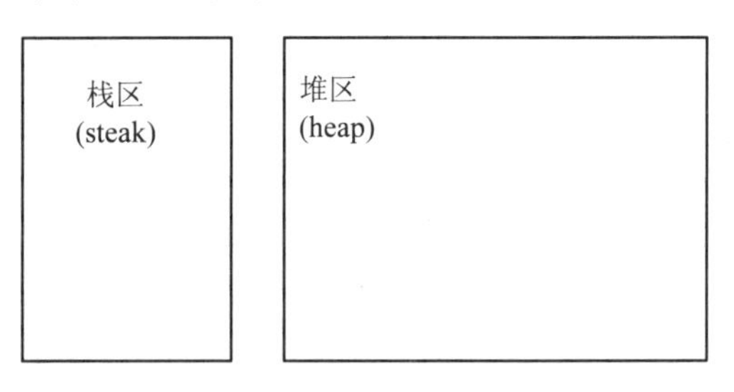

图 4-38

首先，在例子代码中，我们依然是先定义了一个字符型指针 ptr 并且对其赋值为 NULL，如图 4-39 所示。

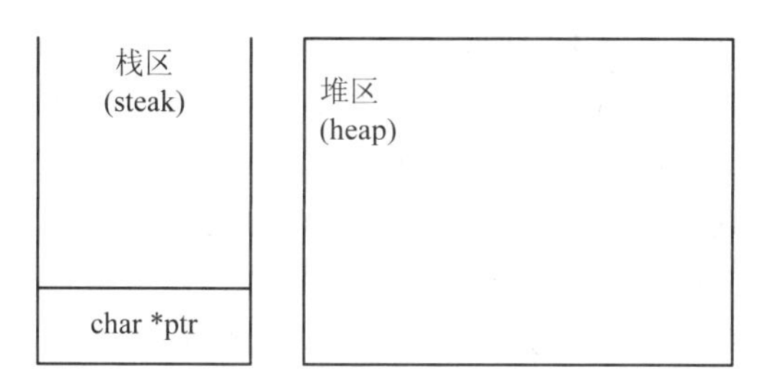

图 4-39

之后我们还是通过 malloc()函数申请了一个长度为 100 的字符型数组并把其首地址赋值给 ptr 指针，因为它是我们人工申请的，所以位于堆上。这里我们假定这次申请是成功的，则堆区里就会有这样一段数组的空间，如图 4-40 所示。

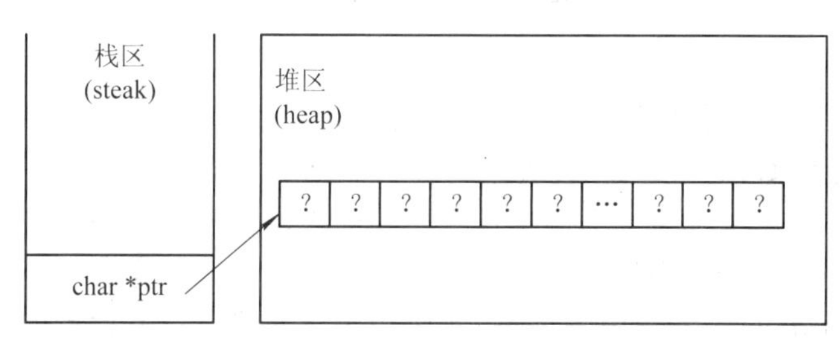

图 4-40

再接下来我们对这个数组通过 gets()函数进行了赋值，这里暂且不介绍了。重点在于之后的代码，我们在没有释放当前这个数组空间的情况下将 ptr 的指向改变了，改变为再次通过 malloc()函数申请的一个长度为 10 的字符型数组的首地址。而原先的那个长度为 100 的数组此时依然在堆区上没有被释放，而且也没有任何指针指向它，如图 4-41 所示。

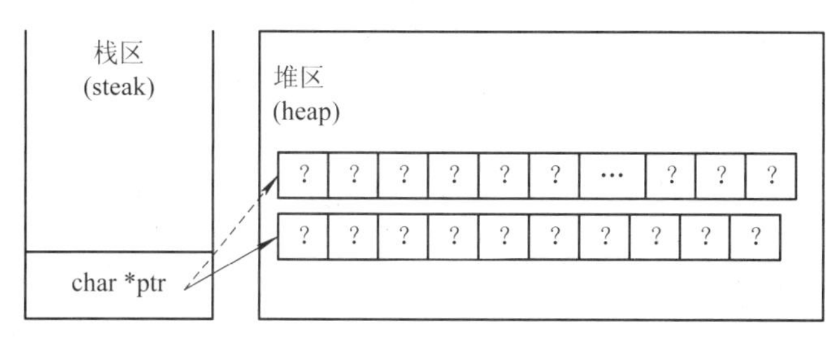

图 4-41

这样一来会有什么害处呢？被我们“遗忘”的那个数组的那段空间既不能被我们当前的程序使用(因为已经没有指针指向它，我们已经找不到它在内存中的位置，换句话说，我们把它遗失了)，又由于我们没有释放掉它，所以系统也无法在我们程序结束前对这块空间进行利用。就仿佛内存空间无缘无故的“丢”了一块，这便是我们所说的内存泄漏。

内存泄漏造成的后果是可能导致系统可分配资源的急剧下降，尤其当你的程序中的某个函数存在这种内存泄漏问题且该函数被循环调用的时候，该函数每调用一次就会泄漏一块或多块内存，最终可能导致系统资源的大面积浪费甚至导致系统崩溃。

防止内存泄漏的方法主要是及时释放已经不需要的堆区空间(记得防止野指针)，防止误操作改动指向堆区我们还需要的内存空间的指针(类似我们上面这个例子)以防无意中造成内存泄漏。

还有值得注意的一点是，malloc()或者类似函数申请内存空间的时候其实是一个系统开销比较大的工作，所以对于当前暂时不需要但后面还会用到的内存空间，可以考虑暂时不释放，而是将指向这块空间的地址存入一个特定的指针数组中。当我们需要使用这块空间时再从指针数组中取出这块空间地址，如果指针数组中没有可用空间地址，再进行动态内存申请。这个指针数组通常被称为“内存池”，即用来保存可能会被用到的已经申请好的堆区内存空间的地址的集合。当然，如果我们囤积过量的空间而无法充分利用，对于系统资源而言可能也会变成一种不小的压力。所以，对于这种保存的度，可能还需要大家根据实际情况自行考虑。

最后，有没有觉得我前面好像还说过一个内存申请函数但是没介绍？

嗯哼，就是 alloca()了～

alloca()这个函数比较特殊，它申请的空间不是在堆上，而是在栈上。这就决定了通过 alloca()函数申请的空间不需要且不能人工通过 free()函数释放，而是在其所在函数生存期结束后由系统自动将其与其他局部变量的空间一起回收。alloca()这个函数一般不常用，因为人为在栈上申请空间，如果对其生存期掌握不当可能会导致在访问时获得非预期内容(因为那段空间已经被自动释放了)。不过 alloca()函数在一个地方很好用，就是定义变长数组。

我们前面说过，C99 之后 C 语言才支持用变量来定义数组的长度，类似这样：

```
int n = 10;
char arr[n];
```

这种写法直到 C99 标准才被承认，然而我们其实可以通过另一种写法来获得同样的效果：

```
int n = 10;
char *arr = (char*)alloca(n * sizeof(char));
```

这样我们获得的也是一个位于栈上的长度为 n 的字符型数组，生存周期在该函数内，之后将会被自动释放。其实，现在的 GCC 就是通过这种方法来实现对 C99 标准中变长数组的支持的。

最后值得注意的一点是，当我们使用 sizeof 关键字去计算我们通过动态内存申请函数申请的堆空间或栈空间上的数组、结构体等的长度时，是得不到预期结果的。

举个例子：

```
#include <stdio.h>
#include <malloc.h>

int main(void)
{
    char *cptr1, *cptr2;
    char arr[10];

    cptr1 = (char *)malloc(10 * sizeof(char)); //申请堆空间
    cptr2 = (char *)alloca(10 * sizeof(char)); //申请栈空间

    printf("sizeof(arr) = %d    &arr = %p\n", sizeof(arr), &arr);
    printf("sizeof(cptr1) = %d    &cptr1 = %p    cptr1 = %p\n", sizeof(cptr1),
&cptr1, cptr1);
    printf("sizeof(cptr2) = %d    &cptr2 = %p    cptr2 = %p\n", sizeof(cptr1),
&cptr2, cptr2);

    free(cptr1);

    return 0;
}
```

运行结果如下：

```
sizeof(arr) = 10。&arr = 0240FF00
sizeof(cptr1) = 4  &cptr1 = 0240FF1C   cptr1 = 029D0590
sizeof(cptr2) = 4  &cptr2 = 0240FF18   cptr2 = 0240FEE8
Press any key to continue...
```

我们来分析一下这段代码。先说一句哈，为了突出例子代码的重点，这个例子中我们没有确认 malloc()和 alloca()函数申请空间是否成功，并且是默认以申请成功为前提构建的代码。在实际中，我们可不能忘了判断一下这类动态内存申请函数是否返回的是 NULL，然后再使用申请的内存空间哦。

回到代码。首先，我们定义了两个字符型指针变量 cptr1 和 cptr2 以及一个长度为 10 的字符型数组 arr，之后我们分别使 cptr1 和 cptr2 指针指向了通过动态内存申请函数 malloc()和 alloca()分别在堆区和栈区申请的长度为 10 的字符型数组。

之后我们开始使用 sizeof 关键字来分别计算 arr cptr1 和 cptr2 所占用的空间，发现只有 arr 的结果是 10 字节，即数组的长度；其他的均为 4 字节，即指针本身占用的空间大小。

而且我们查看了一下 arr 的地址，以及 cptr1、cptr2 自身地址和它们指向的地址。通过地址的范围可以看出，arr 数组、cptr1 cptr2 指针本身以及 cptr2 指向的地址都位于栈区，而 cptr1 指向的地址与其他地址显然有较大差别，表明它应该是在堆区的空间。然而我们发现无论是栈区上申请的空间还是堆区上申请的空间，在使用 sizeof 关键字对指向它们的指针进行空间占用计算时，得到的结果都是指针本身的占用空间大小。即我们先前说的，当我们试图使用 sizeof 关键字去计算我们通过动态内存申请函数申请的堆空间或栈空间上的数组、结构体等的长度时，是得不到预期结果的，得到的将只会是指向它们的指针的大小。这是一个很常见的误区，大家要注意一下。

至此，这节算是告一段落了，接下来再来看看“空指针”和“空类型指针”的区别吧。

4.11 “空指针”与“空类型指针”

“空指针”和“空类型指针”，看起来很相似，但其实是没有什么关系的两种指针。

首先，空指针很好理解，指的是一切被赋值为 NULL 的指针。

比方说：

```
char *cptr = NULL;
int *iptr = NULL;
double *dptr = NULL;
```

无论指针的数据类型是什么，只要指向 NULL，便都是所谓的“空指针”。

而所谓的“空类型指针”，指的是定义的数据类型为 void *的指针。

比方说：

```
void *vptr;
```

上一节说过，malloc()等动态内存申请函数返回的内存地址的类型就是 void *类型，需要我们在使用时自行强制转换。

空类型指针也被称作通用指针，因为它可以被赋值任何数据类型的地址。但反过来，任何数据类型的指针都无法接受空类型指针指向的地址，需要经过强制转换。

比方说：

```
int test = 10;
int* iptr = &test;
void *vptr = iptr;        //没问题，空类型指针可以接受整型变量的地址
iptr = vptr;              /*报错，不能将空类型指针指向的地址直接赋值给任何
                            数据类型的指针，需要进行显式强制转换*/
iptr=(int*)vptr;          //没问题
```

由于 void*指针有着对任何数据类型的地址都“来者不拒”的特点，所以很多情况下可以使用 void *指针来实现一些通用的具有抽象性的函数。比方说我们常用的动态内存申请函数，因为返回的是 void*类型的地址，所以实现了“申请出来的地址适用于任何数据类型”的特点，而不需要我们判断自己要申请哪类数据类型的空间，再调用不同的申请函数。

但是正如前面所说，void 体现了一种抽象，所以我们无法定义 void 类型的变量。因为 C 语言作为强类型语言，对任何数据类型变量的空间大小都有明确规定，而我们无法准确地向编译器提供 void 类型变量的空间大小，因此无法为 void 类型变量正确分配空间和进行数学运算。同样的原因，由于 void* 类型指针指向的地址也没有明确的数据类型，因为 void *指针只知道其指向的变量或者对象的起始地址，却不知道其指向的变量或者对象占用的字节大小和准确的数据类型，所以无法对 void*指针进行指针运算，除非对其进行

特定数据类型的强制转换。比方说：

```
void *vptr;
char arr[12] = "hello world"
vptr = arr;
vptr++;                //报错，无法对 void *类型指针直接进行指针运算
(char *)vptr++;        //通过，相当于 vptr = vptr + sizeof(char);
```

OK，空类型指针这样也算是介绍完了，下一节将介绍 C99 中新增的 restrict 指针。

4.12 restrict 指针

前面说过 restrict 这个关键字是在 C99 中新增的，它用来限定指针，表明该指针是访问和操作其指向数据对象的唯一方法，作用是告诉编译器除了该指针，其他任何指针都不能对所指向的数据进行存取。

要了解 restrict 指针的唯一性的意思，就必须要先解释下我们平常普通的指针的别名问题。

所谓的指针别名，指的是多个指针指向了同一个地址的情况，此时我们称这些指针是其中一个指针的别名。

比方说下面这段代码：

```
int test = 10;
int *ptr1 = &test;
int *ptr2 = &test;
```

这样的情况下，我们就可以说 ptr2 指针是 ptr1 指针的别名。

C 语言编译器是默认所有指针都存在别名的，即认为所有的指针变量都有可能存在与它指向相同的指针副本。这样设定的好处是允许了多个指针引用同一个目标，增强了代码的灵活性。但同时也带来了一些影响与限制，就是编译器在对这些指针相关的内容进行优化时，没有办法进行最大可能限度的优化，因为有多个指针指向同一个目标后，这个目标显然不能被编译器直接优化为存入寄存器，因为如果不同指针异步操作同一个目标而这个目标存在寄存器的话可能会导致这个目标最终数据不一致，因而编译器只能对其执行机器级别的读取和保存操作，而频繁的这种寻址、加载、保存的效率相比

直接放入寄存器所得到的效率要低很多。

因此 C99 中出现了 restrict 关键字，旨在通过该关键字建议编译器对该指针的相关代码以其没有别名的前提进行优化。不过要记住的是 restrict 关键字和前面讲过的 register 关键字一样，修饰的内容都是作为一个建议而不是命令提供给编译器。而且虽然编译器可能不会对其进行我们希望的优化，但被 restrict 关键字修饰的指针依然不允许拥有别名，即被 restrict 关键字修饰的指针指向的目标只能被通过这个 restrict 指针访问。如果强行定义别名，可能会造成未预知的后果。因为标准中没有这方面的规定，不同编译器可能会有不同的实现。

还有就是要注意使用 restrict 关键字的时候的写法，具体如下：

```
int *restrict ptr
```

而不是

```
int restrict * ptr;
```

除了不能拥有别名，被 restrict 修饰的指针的用法与普通指针并没有区别，所以这里就不再赘述啦。

接下来要讲的内容很有意思，它涉及了安全层面的内容。

敬请期待！

4.13 数组下角标越界与缓冲区溢出

缓冲区溢出，嘿嘿，估计绝大部分读者对这个词的意思都没有一个准确的把握。嗯，简单来说，这是一种安全性问题，在 C 语言程序中比较容易出现。在理解它的原理之前，我们首先需要了解缓冲区是什么。

所谓的缓冲区，简单来理解的话，就是程序分配用来存放程序代码、数据和用户的输入等拥有一定范围的内存空间。也就是说，我们前面讲过的堆区栈区这类就属于程序缓冲区的范畴。

而所谓的缓冲区溢出，则指的是存放在缓冲区中的内容超出了分配给它的限定长度而造成对缓冲区内其他数据的破坏和修改。这就好比向杯子里倒入了超过它容积的水导致水溢出，溢出的水就可能会污染其他东西。而程序中这种溢出的数据如果是被人精心计算过的，则可能会覆盖我们原本的操作指令并进行非法操作，从而造成很多严重的后果，这便是缓冲区溢出攻击。

缓冲区溢出攻击如果拿出来单独深入理解的话，将可以写一本厚度远超本书的专著。因为它将涉及汇编语言、操作系统、软件逆向分析等多个方面，之后你才可能得心应手的寻找应该覆盖的指令地址、编写精确的 shellcode、并最终实现预期的指令跳转和非法操作的执行。而本书显然不能对这么多内容进行非常详细的介绍，看完这节后如果大家发现自己对这个内容很有兴趣，可以去阅读一下对此拥有详细明了介绍的《Q 版缓冲区溢出教程》一书以及看雪论坛的《0day 安全：软件漏洞分析技术》。

我们这里将主要介绍一下最基础的缓冲区溢出利用方法，并且对其进行一个明了的图解，让大家对缓冲区溢出攻击拥有一个较为浅显的了解，并在日后的编程生涯中避免此类问题的发生。

例子代码如下：

```
#include <stdio.h>
#include <string.h>
#include <stdbool.h>

int main(void)
{
    bool flag;
    char psw[8];

    flag = 0;

    printf("Please input password:\n");
    gets(psw);

    if(strcmp(psw, "mypx&k") == 0)
    {
        flag = 1;
    }

    if(flag)
    {
        printf("You are admin\n");
    }
    else
    {
        printf("Wrong password!\n");
    }
```

```
        return 0;
    }
```

这段代码本身没有太大的难度，我们虚拟了一个 admin 登录的情景，如果用户输入的密码是“mypx&k”，那么将会通过身份验证；反之提示密码错误不能通过验证。

验证通过的情形如下：

```
Please input password:
mypx&k
You are admin
Press any key to continue...
```

验证失败的情形如下：

```
Please input password:
123456
Wrong password!
Press any key to continue...
```

这段代码乍看起来似乎没有逻辑问题，然而其实有一个缓冲区溢出漏洞，我们可以故意输入过长的任意内容跳过这种验证。

就像这样(非法用户通过认证的情形)：

```
Please input password:
shduehdgfyrhdgfh
You are admin
Press any key to continue...
```

上面这种情形很明显输入的内容超过了字符型数组 psw 的最大长度，也就是造成了缓冲区溢出。至于为什么使缓冲区溢出后会造成非法用户通过验证，我们等下会有详细介绍，目前我们继续深入探讨这个例子。

哎，那这里就有个问题了：这所谓的“过长的任意内容”到底要多长呢？只要超过 psw 的限定长度就可以了吗？我们试试就知道了。既然 psw 的最大长度是 8，那我们这次分别输入 9 和 10 个字节的内容试试(输入 9 个字节和 10 个字节的情形，验证均不通过)：

```
Please input password:
my123px&k
Wrong password!
Press any key to continue...
```

```
Please input password:
my123px&kk
Wrong password!
Press any key to continue...
```

一直这样尝试，依次增加输入的随机内容的长度后，发现当输入的随机内容的长度大于等于 13 个字节的时候就可以非法通过验证了(输入 13 个字节随机内容的情形，通过验证。)。

```
Please input password:
my123px_and_k
You are admin
Press any key to continue...
```

为什么会这样呢？为了解答这个问题，我们这次在代码中加入这样两条语句：

```
printf("&flag: %p\n", &flag);
printf("&psw[0]: %p \n&psw[7]: %p\n", &psw[0], &psw[7]);
```

它们分别用于输出 flag、psw[0]和 psw[7]的地址。

修改后的代码如下：

```
#include <stdio.h>
#include <string.h>
#include <stdbool.h>

int main(void)
{
    bool flag;
    char psw[8];

    flag = 0;

    printf("Please input password:\n");
```

```
        gets(psw);

        if(strcmp(psw, "mypx&k") == 0)
        {
            flag = 1;
        }

        if(flag)
        {
            printf("You are admin\n");
        }
        else
        {
            printf("Wrong password!\n");
        }

        printf("&flag: %p\n", &flag);
        printf("&psw[0]: %p \n&psw[7]: %p\n", &psw[0], &psw[7]);

        return 0;

    }
```

运行出的结果如下：

```
Please input password:
mypx&k
You are admin
&flag: 0240FF1C
&psw[0]: 0240FF10
&psw[7]: 0240FF17
Press any key to continue...
```

OK，至此，这个例子已经算是完全展开，我们就可以来解释一下为什么输入任意过长的内容就可以通过验证以及为什么这个“任意过长内容”在这个例子中指的是长度大于等于 13 个字节的内容了。

为了方便说明，接下来进入图解过程：

首先我们一看代码，会发现在这段代码中没有使用动态申请内存函数，也就是说在这段代码中我们没有人工申请堆区的内存，所以接下来的图解中将只会介绍栈区的变化情况。

首先解释一下，代码中包含了一个<stdbool.h> 为的是更方便地使用布尔变量类型，如果大家对前面的内容还有印象就可能记得，前面说过 C99 中支持了布尔类型变量，关键字为 _Bool。而且如果在代码中包含了<stdbool.h>头文件的话，则可以通过使用 bool 代替_Bool 关键字。因此这里我们包含了<stdbool.h>，毕竟写 bool 比写 _Bool 看起来要舒服一些。

接下来我们在代码中定义了一个布尔类型变量 flag 和一个长度为 8 的字符型数组，并且将 flag 变量赋值为 0，即“假”的意思。这里要记得布尔变量认定非 0 以外的任何数值均为“真”的意思，这点很重要，它将直接导致了后面的非法密码通过验证的结果。

首先我们先将栈区当前状态图解一下，为了方便理解，这次我们将画一个超大的栈区局部示意图，如图 4-42 所示。

栈区
(steak)

&psw[0]:0240FF10
?
?
?
?
?
?
?
?
&psw[7]:0240FF17 …… &flag: 0240FF1C
0

图 4-42

当前由于数组还没有被赋值，所以内容均以“?”表示。

从图中可以看出，flag 变量的地址距离数组最后一个元素 psw[7]的地址 5 个字节，这个很重要，将用于后面解决我们的一个疑问。

继续看代码，接下来我们使用了 gets()函数对字符串数组进行了赋值。第一次我们先以正常输入为例，输入正确的密码 即“mypx&k” 然后来看一下栈区中的状态(见图 4-43)：

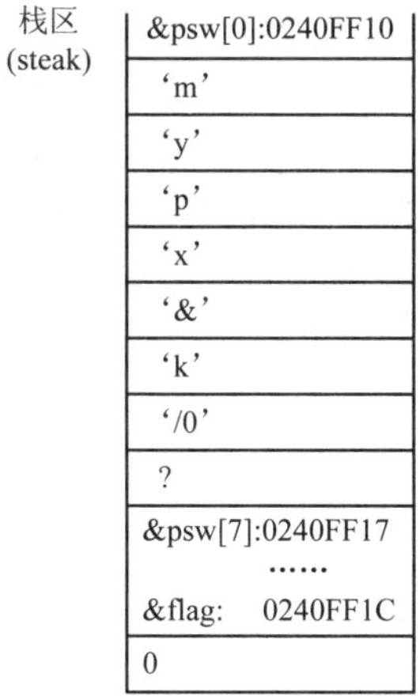

栈区
(steak)

&psw[0]:0240FF10
‘m’
‘y’
‘p’
‘x’
‘&’
‘k’
‘/0’
?
&psw[7]:0240FF17 …… &flag:　0240FF1C
0

图 4-43

可见数组下角标没有越界，而且根据代码继续执行下去的结果，flag 变量将会被赋值为 1，从而输出验证通过的字样，这个我们这里不再赘述。

值得注意的是这里使用到的 gets()函数，C 语言程序之所以容易出现缓冲区溢出漏洞的一个很大的原因，就在于很多库函数是没有边界检查机制的，gets()函数便是其中的一个代表，这个函数不对输入内容的长度进行限定而是默认全部赋值到目标位置，这就为缓冲区溢出攻击提供了条件。接下来我们就来看看输入任意内容通过验证的原因。

这次我们输入“my123px_and_k”，那么栈区中的效果就是类似图 4-44 所示样子：

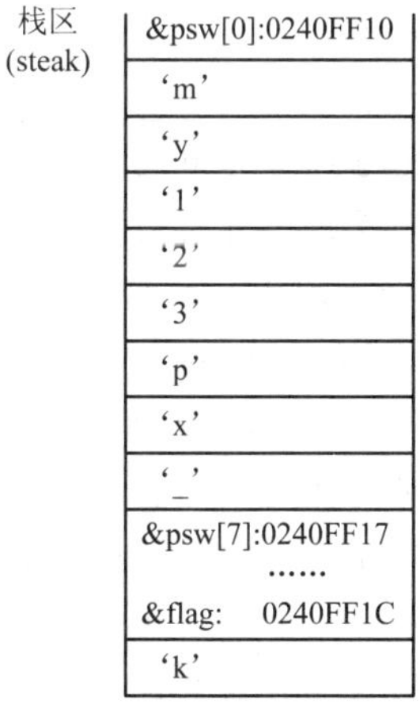

栈区
(steak)

&psw[0]:0240FF10
‘m’
‘y’
‘1’
‘2’
‘3’
‘p’
‘x’
‘_’
&psw[7]:0240FF17 …… &flag:　0240FF1C
‘k’

图 4-44

是的，你没有看错。因为数组空间不足，gets()函数赋值的部分内容溢出到了栈区。由于栈区的“后进先出”的特点，所以溢出的内容污染了在数组之前被放入栈中的数据。由于地址相近的关系，flag 变量的内容被污染。由于布尔类型判断 0 以外的任何内容都为真，所以虽然代码中并没有对 flag 变量赋值 1，但由于其内容已经不是原来的 0，所以在代码执行到这步的时候就会出现微妙的偏差，见下面代码：

```
if(flag)
{
    printf("You are admin\n");
}
else
{
    printf("Wrong password!\n");
}
```

程序将会判定 flag 为真，因而输出了验证通过的字样，也暗示着我们的缓冲区溢出攻击的成功。

这里还有一个疑问，就是为什么我们在测试的时候输入超过 8 个字节的内容却不一定会成功通过验证，只有在输入大于等于 13 个字节时才能通过验证呢？这个就要说到数组最后一个元素 psw[7]和 flag 变量之间的地址关系了。从前面结果中可以看出，数组最后一个元素 psw[7]的地址是 0240FF17，flag 变量的地址是 0240FF1C。学过十六进制的读者应该知道，在十六进制中 A 表示十进制中的 10，B 表示 11，以此类推 C 表示 12，也就是说

$$C - 7 = 12 - 7 = 5$$

即数组最后一个元素的地址与 flag 变量的地址相差 5 个字节。也就是说想要输入的内容能够污染到 flag 变量，所需的最短长度是数组的长度加上 5 个字节。数组长度为 8，是 char 类型的。char 类型一个元素为 1 个字节，因此数组长度是 8 个字节，所以所需的最短内容长度是 8 + 5 = 13 个字节。这也就是为什么我们输入 9 和 10 个字节时无法通过验证的原因，因为虽然产生了缓冲区溢出，但是没有修改到 flag 变量的值。当然，输入内容的长度也不是允许无限长的。因为栈区空间有限，输入过长可能会污染到栈区的关键数据，比方说程序的返回地址或特定指令。如何精准的覆盖数据并使程序跳转到我们预期的位置，是缓冲区溢出攻击的核心。

输入过长内容导致的程序异常关闭，这在缓冲区溢出攻击的目标地址搜寻过程中十分常见，如图 4-45 所示。

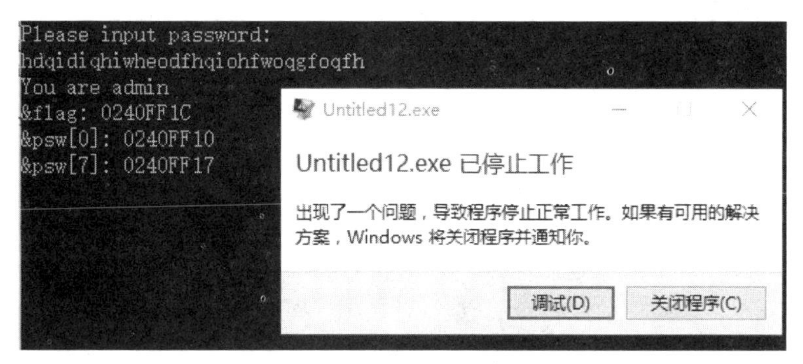

图 4-45

我们这里介绍的缓冲区溢出攻击属于非常基础的版本，仅仅危害的是一个程序而不是整个系统，但这并不意味着无法危害整个系统，我们完全可以通过把输入的过长任意内容换成特定的代码执行我们所想任何非法操作。大家感兴趣，可以阅读前面提到的两本书(《Q 版缓冲区教程》和《Oday 安全：软件漏洞分析技术》)。

除了这两本书，看雪论坛也是十分不错的选择，Oday 那本便是他们的作品，同时可参考的书还有看雪出版的《加密与解密》。

最后简单说一下如何防范缓冲区溢出。首先，在我们的例子中，因为使用了不安全的 gets()函数。因此在编程中，我们应该避免使用这类函数，并以更安全的版本替代它们的功能。

以 gets()函数为例，我们可以使用 fgets()函数来替代。fgets()函数拥有 gets()函数的功能，且拥有更高的安全性，因为它可以限定数据的长度。

在 C 语言中，和 gets()函数拥有相同问题的标准库函数数不胜数，它们有些拥有了可以用来替代它们的安全性更高函数。而对于那些没有可替代函数的函数，只能通过我们的人为检查和防范来保证数据的安全性。对于此类攻击的测试，人们开发了一些高级的查错工具，如 fault、injection 等。此类工具的目的在于通过人为随机地产生一些缓冲区溢出，来寻找代码的安全漏洞，还有一些静态分析工具用于侦测缓冲区溢出的存在。

值得注意的是，虽然这些工具帮助程序员开发更安全的程序，但是由于 C 语言的特点，这些工具不可能找出所有的缓冲区溢出漏洞。所以，侦错技术只能用来减少缓冲区溢出的可能，并不能完全地消除它的存在。这也是很多知名软件都曾爆发过缓冲区溢出漏洞的原因，作为程序的设计者，我们可能无法保证写下的每行代码都经得起安全的考验，但我们必须在心中拥有安全防范意识，将这种可能性降到最低。

如果对缓冲区溢出感兴趣，也可以去尝试学习下汇编语言与逆向工程哦~^_^

至此，针对缓冲区溢出的介绍将告一段落，针对 C 语言的介绍也到此为止。接下来将进入 C++环节。

学会了 C 入门 C++还会困难吗？

第 5 章　学会了 C 语言入门 C++还会难吗？

——C++快速过渡

C++可以看做是 C 的一个超集，很多 C 语言的内容在 C++里依然兼容。不过相对于 C 语言而言，C++语言的特性更多，因此掌握 C++的难度也增加了很多。相对于 C 语言的简洁直观，C++可能更难以理解和实现，因而其软件开发时间更长，绝对算得上是一门比较复杂的语言。甚至有一种说法："真正的程序员用 C++；聪明的程序员用 Python"。虽然我也很喜欢 Python 的"短"，但是我更喜欢通过 C 去揣摩 C++。其实如果你深入了解过 C 语言，再去了解 C++，会发现其实很多 C++的特性用 C 语言是完全可以实现的，只是 C++已经帮你实现好，让你能够更加轻松地编程而已。也正是因为二者有这样的关联与互通，所以我非常愿意在 C 语言讲解告一段落后带领大家以一个 C 语言入门者的角度去了解 C++。

真正的高手，是精通一个方向且对其他方向也有所涉猎，有所了解的人。也是能够用一门语言实现多门语言的编程，而不是每一门语言都只学到两成就转战下一门语言的没有长性的人。所以希望大家能够沉下心来，领会语言真谛。

就如前面所说的，本章主要是通过讲一下 C++中增添的一些新特性以及它们和 C 的关联性，把 C++与你熟悉的 C 关联起来。然而要知道，正常一本 C++的入门书籍都要动辄 300 多页，而我只通过区区几十页结束任务。因为如果你过分关注一些不是很重要的细节，很快就会迷失方向，我曾经就有这种感觉。(囧)所以这次讲 C++时精简了框架，只讲关键内容，使你能快速了解和使用 C++语言。

Just believe yourself.

Because I believe you forever…

那现在就开始吧！( )

5.1 什么是面向对象编程?

嗯，什么是面向对象编程咧？其实我很想让它是图5-1所示的这个样子。()

图5-1

其实面向对象一点都不复杂，相反，可以说，面向对象是最接近人类思维习惯的编程思维了。

相对于C的面向过程的编程思维，面向对象的思维反而更加贴近我们的生活。你所看见的所有事物，都有其各自的属性和功能，把这些属性和功能抽象出来，然后打包在一块，就是一个抽象的集合，也就是常说的“类”。

比方说汽车，它所拥有的属性是大小、颜色和品牌等，功能是运输。嘿嘿，简化一下的话车这个对象就可以抽象成一个拥有大小、颜色和品牌三个属性以及一个用于运输的功能，把它们打成包就可以写成这样：

```
车{
    定义属性
      大小;
      颜色;
      品牌;
    定义功能
```

运输(起点，终点)；

};

这样当你想调用车这个对象的时候，只需要对它输入相应的参数就可以很快地“造”出一个具体的车了，而且想“造”多少就“造”多少而不需要每次需要车的时候都要从新来过，从头开始。图 5-2 和图 5-3 介绍了两种不同的“造”车方法。

车1{标准轿车，银，东风}；
车2{加长型轿车，黑，桑塔纳}；
车3{卡车，黄，一汽}；
车1 运输(丹东，大连)；
车2 运输(上海，杭州)；
车3 运输(杭州，温州)；

图 5-2

定义 神马叫大小；
定义 神马叫颜色；
定义 神马叫品牌；
定义 车1的大小；
定义 车1的颜色；
定义 车1的品牌；
定义 神马叫运输、运输的物理原理和实现；神马叫起点终点；
定义 车1具有运输功能；
车1 执行运输 丹东-大连；
车2 车3：重复上述步骤

图 5-3

这也就是面向对象和面向过程的最主要区别，面向对象是一次定义重复使用的思想。并且万物均为对象，每次的定义与构造只是将抽象的集合变成具有实际参数的对象而已。你不需要知道所有细节，只需要将所需参数赋值给抽象的对象就可以获得具象化的对象。

面向过程是你需要从头开始定义每一个步骤、每一个细节，并且每次构造新的同类型事物也需要重新定义。

依然以车为例，面向对象的方法是将所需参数赋值然后就相当于“造”出了一辆车，然后就可以使用这辆车了。你并不需要知道车是如何运行与运输的，你只需要知道给它什么类型的参数，它就能工作就行了。而面向过程的方法是你必须告诉它所有细节，包括你需要告诉它车子是如何启动的、工作原理是什么、内部细节是怎样实现的，等等，然后才能让它启动并且运输。

到这里你可能会问啦：哎，你不是说每次都要重新定义吗？那在面向过程里我构建一个结构体，然后每次调用结构体不就行了吗？

嗯啊，在 C++里结构体与类的确没有明显不同，只有一个很小的区别：结构体的成员默认情况下属性是公有的，而类成员却是私有的。但是在 C 中结构体里只允许拥有成员变量而不允许声明成员函数的哦。因此运输这个操作是无法写在 C 的结构体里的，其他的特性在 C 中倒是可以通过结构体打包，可以说是一种简单的重用思想。

别紧张，这一节只是个开端，类在后面会仔细讲的。接下来就先好好领会一下前面这段内容，之后再详细看看下面对抽象的概念吧。()

5.2 抽象的艺术

说到抽象的话，估计谁也比不上毕加索毕姥爷吧。()

嘿嘿，不过这里的抽象可不是毕姥爷擅长的那个抽象，不然的话大家学完面向对象还打什么代码，直接去画抽象画更赚钱嘛。()

面向对象中所谓的抽象是指观察同一类的一群事物，忽略其中不重要的区别，找出其中的相同点并记录、总结这些项目。当你这样做的时候，其实就是在做抽象哦。

说白了就是在制造一个模型，使它可以形容某一类同类事物。

嗯，比方说拿老师为例。老师的所有共同点之一就是他们都是人类……(废话)所以都会有姓名、性别、年龄这些属性；同时他们又有着各自不同的性格、爱好以及所教的科目。有了这些，一个老师的抽象化就完成了：

XXX(姓名)是一个性格 XXX、喜欢 XXX 的教 XX(科目)的 XX(年龄)岁的 X(性别)老师。

这样只要将这几个参数输进去，一个老师的形象就出来啦。()

在这儿拿一个叫“老葛”的数学老师“开刀”吧。()性格……嗯，逗比，()爱好，额……老烟枪，年龄嘛，不知道，就当他 45 吧，教的当然是数学啦。(想想都头疼啊)性别？嘿嘿，你懂的。()

有了这个参数之后，“老葛”就已经从这个老师的抽象集合中具象化了：

“老葛”是一个性格逗比、喜欢抽烟的教数学的 45 岁的男老师。

嘿嘿，估计被老葛看到会削死我……(囧)

嗯，这就是所谓的抽象啦。

抽象在编程时可以省略很多信息，用户只需要输入相关参数就可以获得结果而不需要了解其中的原理，同时抽象出的对象可以重复使用，无需反复重写以减少不必要的工作。

怎么样，有没有一点抽象的感觉咧？

告诉你最简单的抽象思维联系方法，刚才不是说过嘛，将你所见的万物均视为对象，都可以抽象成一个概念和操作的集合。所以试着对你当前所见到的东西在脑子里进行抽象吧。对理解抽象的概念很有帮助哦。()

5.3 封装与类

嗯，这节其实一句话就结束了：将抽象出的各种数据参数以及它们可以进行的操作“打包”到一起的过程就叫做封装，而封装生成的东西就叫做类。

也就是说，类是一种将函数代码及相关变量进行封装之后的产物，也可以说，类是对用户定义的数据以及所有对这些数据进行操作的函数的集合。类中有严格的访问权限控制，保证这些函数只能被该类的对象调用，而且这个类的所有对象除这些函数之外的其他函数。

比方说你定义了一个类叫 Teacher，里面有 name、sex、age、subject 这几个数据以及一个叫做 teach()的函数：

```
class Teacher
{
public:
    void teach();
private;
    char name[10], sex[5], subject[5];
    int age;
}; //类的结尾都有个分号，和结构体一样
```

然后又定义了另一个类叫 Car，里面有 size、color 两个数据和一个叫 go()的函数：

```
class Car
{
public:
    void go(char *start, char *end);
private;
    char color[5];
    int size;
};
```

之后又分别对每个类定义一个对象：

```
Teacher Mr_Ge;
```

```
Car bus;
```

那么 teach()这个函数只有 Mr_Ge 这个对象可以使用，bus 不能使用；同样的，Mr_Ge 也不能使用 go()函数；这就是所谓的一个类的函数只能被该类的对象调用，而且这个类的所有对象除这些函数之外的其他函数。

类其实是创建对象的“模型”，一个类可以创建多个相同的对象；而对象是类的实例，是按照类的规则创建的。如图 5-4 所示。

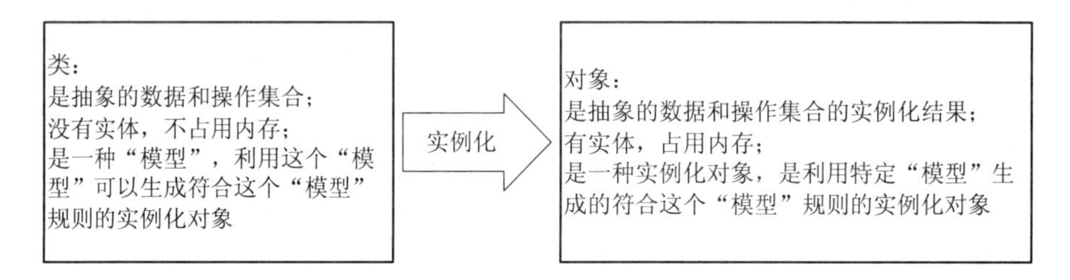

图 5-4

和结构体一样，类在未创建对象时是不占用内存的。只有创建对象时，编译器才会为其对象分配内存。分配内存时会对每个对象的成员变量分配各自的空间，对成员函数则是分配一个函数指针的空间。该指针指向程序代码区的成员函数代码，即同一个类下的所有对象共用成员函数的实现代码。

以刚才我们定义的 Mr_Ge 对象为例，它的内存分配是如图 5-5 所示这样的(由于它只用到了栈区和程序代码区，所以我们就只画这两个部分)。

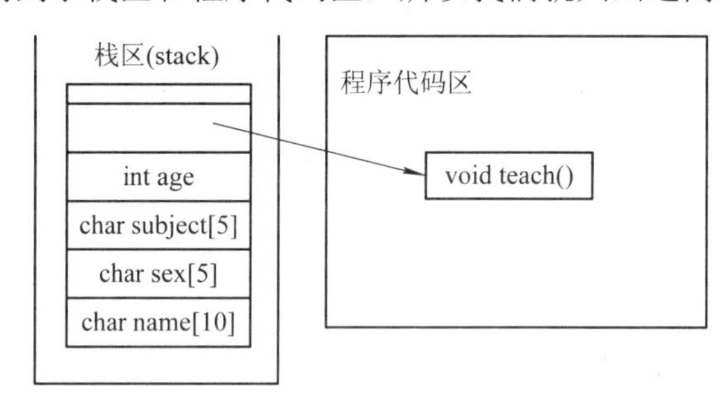

图 5-5

当然，这里省略了部分细节，比如说数组的画法、如何限定 void teach() 这个成员函数只能被 Teacher 这个类的对象访问等等，这些细节随着后面的深入学习将有进一步的介绍。

还有，类名中每个单词的首字母都大写是个好习惯哦，就像下面这样：

```
class Teacher
{
public:
	void teach();
private;
	char name[10], sex[5], subject[5];
	int age;
};
```

好吧，我猜在这个地方一定会有人问我：可不可以把变量的声明和函数的声明位置颠倒过来，写成类似下面的样子：

```
class Teacher
{
private;
	char name[10], sex[5], subject[5];
	int age;
public:
	void teach();
};
```

没问题，完全可以。

C++没有限定类中成员变量和成员函数的声明顺序，不过一般的约定俗成的顺序是将函数的声明放在前，变量的声明放在后。因为对于一个类而言，人们更关心它能做什么而不是它有哪些变量，就好比你看电影都是先看剧情最后看演员表一样。但是当然如果你想先看演员表也不是不行的～( )不过建议还是将函数的声明放在前面，这样更容易直观理解这个类都能干什么。

讲到这里都还没讲 private、public 这些关键字是干什么的，相信大家也早已对其充满疑问，那现在就来讲讲吧～( )

5.4 访问控制

访问控制是 C++里新增的关键字，其中最常见的有三种，它们分别是 public、private 和 protected。此外还有两个关键字可以影响到访问控制，一个是 friend(友元)，一个是 virtual(虚拟)。

先从三个访问控制的关键字说起吧～

首先第一个就是 public 了。嘿嘿，顾名思义，它是公有的意思，因此属于 public 的声明对于类的外部也是可见并且可以调用的。一般只会把类中的函数声明为 public，而把成员数据声明为 private，因为数据私有化比较符合面向对象的编程理论。这样只有类自己才能改变自己成员变量的数据而外部函数只能调用类的函数而不能访问类的成员变量。

protected，受保护的意思。被它声明的成员变量的内容只能由该类的成员函数以及由该类派生(继承)的类的函数所使用，外部函数无权访问。至于什么是继承，我们将在 5.14 节进行详细介绍。

private，私有的，这下可是完全私有化了。

被 private 声明的成员变量只能被该类自己的成员函数所使用，其他函数只能知道这个成员变量的名字，但无法访问其中的内容。

总结一下就是：public 相当于没有限制；protected 禁止除该类本身以及由该类派生(即从该类继承)的类以外的成员函数访问数据；而 private 则是完全私有，只能由该类本身才有权调用，其他无论是继承类还是外部函数都无权访问其内容，最多只能知道其成员变量的名字。

而被 friend 关键字修饰的函数其本身并不是属于某个类的函数，但是它有权访问该类的 private、protected 权限的成员，就有点像知心朋友一样，可以知道你的个人小隐私、小秘密～

被 friend 修饰的可以是一个函数，也可以是一个类，当它修饰的是一个函数的时候，这个函数就叫做友元函数。

```
class Point
{
    friend double Distance(const Point *p1，const Point *p2);
public:
    Point(int x，int y);
private:
    int x_;
    int y_;
};
```

这里的 Distance 函数就是 Point 类的友元函数，它可以访问 Point 类的私有成员变量 x_和 y_。

友元破坏了类的私有性，所以对于用还是不用的争议一直没有停休，这个我们暂且不表。

virtual 现在讲有点早，等到 5.14 节再详细介绍吧。

先讲讲声明和重载吧。

5.5 类的声明

类的声明有点像将 C 里的结构体声明和函数声明结合在了一起。声明的内容包括函数、成员变量以及其他数据，把它们打包封装，就形成了类。在类中声明的函数都需要写明它的具体实现方法，它可以在类里写明，也可以在类外写明。

```
class Car
{
public:
	void go(char *start，char *end);
private;
	char color[5];
	int size;
};
```

这就是类的声明。哎，等会儿，不是应该写 go 函数的函数体吗？嘿嘿，别急还没开始写呢，我刚才不是说过嘛，有两种写法，一般在类外写明更常用，因为如果函数实现代码过长，放在类中将大大影响其他成员函数声明的可读性。

```
class Car//在类里写明
{
public:
	void go(char *start，char *end)
	{
	code;
	……;
	}
```

```
private;
        char color[5];
        int size;

};
class Car//在类外写明
{
public:
        void go(char *start, char *end);
private;
        char color[5];
        int size;
};
void Car :: go(char *start, char *end)
{
        code;
        ……
}
```

发现没有，在类外写明的时候返回值类型和函数名之间加了个 Car::这是为了声明这个函数是类 Car 的成员函数。两个冒号“::”叫做作用域运算符，用于表明当前对象的作用域，也可以理解成查找范围，写在“::”前面的那个标识就是它的查找范围，编译器会去这个范围里找它的函数声明。就像这里 go 函数是在 Car 类里声明的，属于 Car 类的成员函数。所以在写这个函数的实现方法的时候要加上 Car::告诉编译器去 Car 类里寻找它的函数声明，并且使编译器知道这个函数是 Car 类的成员函数。

这就可以解释前面 5.3 节的图 5-5 中的一个问题了，当时我们很好奇如何限定 void teach()这个成员函数只能被 Teacher 这个类的对象访问，其实就是限定了 void teach()这个函数只在 Teacher :: 的范围内有效，即 Teacher :: void teach()。

别小看这两个冒号哦，后面很多地方都要用到。

使用类创建对象的格式前面 5.3 节其实已经接触过了，就是：

类名 对象名;

比方说 Car Bus；就是创建了一个属于 Car 类的 Car 的对象，名叫 Bus。

调用成员函数的格式是：

对象名.函数名();

比方说刚才创建了个叫 Bus 的对象，那么如果想调用它的 go 函数就要这么写：

Bus.go(“丹东”, “大连”);

类似于调用 C 中结构体的成员变量，也是用一个 “.” 运算符。

而且啊，在 C++里，每一个成员函数都有一个 this 指针指向这个对象本身。嗯，讲 this 指针之前先讲一下函数重载吧。

5.6 函数重载

重载也是 C++里一个很常用的功能。嗯，重载是啥呢？先举个例子吧。

假如我们现在要实现从三个数中找到最大者，但是每次的三个数的数据类型都不同，依次分别是 int、double 和 float。

那么以 C 语言的风格，为了实现目标，我们就需要定义三个函数：

```
int max_int(int num1，int num2，int num3);
//求 3 个整数中的最大者
double max_double(double num1，double num2，double num3);
//求 3 个双精度数最大者
float max_float(float num1，float num2，float num3);
//求 3 个单精度数中的最大者
是不是觉得名字都怪怪的(= =)
```

而到了 C++，它允许用同一函数名定义多个函数，这些同名函数彼此的参数个数或参数类型不同，这就是函数的重载，即对一个函数名重新赋予它多个新的含义，使一个函数名可以多用。

因此在 C++里上面的三个函数可以写成这样：

```
int max(int num1，int num2，int num3);
double max(double num1，double num2，double num3);
float max(float num1，float num2，float num3);
```

这三个函数都叫 max，在 max 函数被调用的时候编译器会根据实际情况选择性调用最为合适的重载函数。

具体用代码实现一下吧。

```
#include <iostream>
using namespace std;
int main(void)
{
    int i_num1, i_num2, i_num3, i_max_num;
    double d_num1, d_num2, d_num3, d_max_num;
    float f_num1, f_num2, f_num3, f_max_num;
    int max(int num1, int num2, int num3);
    double max(double num1, double num2, double num3);
    float max(float num1, float num2, float num3);
    cout << "输入 3 个整数:" <<endl;
    cin >> i_num1 >> i_num2 >> i_num3; //输入 3 个整数
    cout << "输入 3 个双精度浮点数:" <<endl;
    cin >> d_num1 >> d_num2 >> d_num3; //输入 3 个双精度浮点数
    cout << "输入 3 个单精度浮点数:" <<endl;
    cin >> f_num1 >> f_num2 >> f_num3; //输入 3 个单精度浮点数
    i_max_num = max(i_num1, i_num2, i_num3);
    //求 3 个整数中的最大者
    d_max_num = max(d_num1, d_num2, d_num3);
    //求 3 个双精度数中的最大者
    f_max_num = max(f_num1, f_num2, f_num3);
    //求 3 个单精度浮点数中的最大者
    cout << "i_max_num = "<< i_max_num << endl;
    cout << "d_max_num = "<< d_max_num << endl;
    cout << "f_max_num = "<< f_max_num << endl;
    return 0;
}
int max(int num1, int num2, int num3)
//定义求 3 个整数中的最大者的函数
{
```

```
    if(num1 > num2)
    {
        return (num1 > num3 ? num1 : num3);
    }
    else
    {
        return (num2 > num3 ? num2 : num3);
    }
}
double max(double num1，double num2，double num3)
//定义求 3 个双精度数中的最大者的函数
{
    if(num1 > num2)
    {
        return (num1 > num3 ? num1 : num3);
    }
    else
    {
        return (num2 > num3 ? num2 : num3);
    }
}
float max(float num1，float num2，float num3)
//定义求 3 个单精度中的最大者的函数
{
    if(num1 > num2)
    {
        return (num1 > num3 ? num1 : num3);
    }
    else
    {
        return (num2 > num3 ? num2 : num3);
    }
}
```

测试运行结果：

```
输入3个整数:
1 2 3
输入3个双精度浮点数:
4.44 5.55 6.66
输入3个单精度浮点数:
1.22 3.44 5.66
i_max_num = 3
d_max_num = 6.66
f_max_num = 5.66
Press any key to continue...
```

这段代码中有好多要说的东西呢，先说说下面这段代码吧：

```
#include <iostream>
using namespace std;
```

这里的 iostream 是 C++的写法，这个头文件里包含了 cin 和 cout 这两个输入输出对象的类，这两个对象在 C++里代替 C 中所有的输入、输出函数。如果你想用这两个对象，就一定要加 iostream 头文件，就像如果要使用 printf()、scanf()函数就一定要加 stdio.h 一样。当然如果你写成 C 的写法 iostream.h 也是可以将其作为函数使用的，但一般不是非常推荐这样的写法。除非如果编译器本身不支持#include <iostream>这种写法，则可以把它改成#include <iostream.h>以便顺利通过编译。这是因为有些早期编译器不支持，然而这个问题现在几乎已经不存在了。

顺带一提 #include <iostream.h> 这种写法在 C++中并不提倡嘛…也算是一种时代遗留的面向过程风格。很多国内早期 C++教材都采用了这种写法，不利于理解 C++面向对象思想。

但要记住如果写的是 #include <iostream.h> 就一定不要写 using namespace std；这句话；相反如果写的是#include <iostream>就一定要写 using namespace std；否则这个头文件中的函数你可能无法正常使用。

这是为什么呢？

因为 #include <iostream.h> 是 C 语言的写法，在 C 中是没有 namespace(命名空间)这个概念的，所以编译器无法识别这句话的意思。

命名空间这个东西是 C++里出现的新奇内容之一。

namespace 命名空间，顾名思义，就是一个空间(废话……)。在这个空间里的定义和命名与在其他空间中的定义和命名互不冲突，这样子就相当于当一个程序由多个程序员编写的时候，每人都可以创建自己的一个命名空间，因此如果你在你的空间中写了 int a；我在我的空间中也写了 int a；也是不会有命名冲突的。

举个例子：

```
#include <iostream>
using namespace std；//使用 std 命名空间
namespace ZhangSan //定义了叫 ZhangSan 的命名空间
{
    int a = 10；//把 10 赋值给了张三空间里的变量 a
}
namespace LiSi//定义了叫 LiSi 的命名空间
{
    int a = 5；//把 5 赋值给了李四空间里的变量 a
}
int main(void)
{
    int a = 1；
    cout << "张三定义的 a = " << ZhangSan::a << endl；
    cout << "李四定义的 a = " << LiSi::a << endl；
    cout << "主函数定义的 a = " << a << endl；
    return 0；
}
```

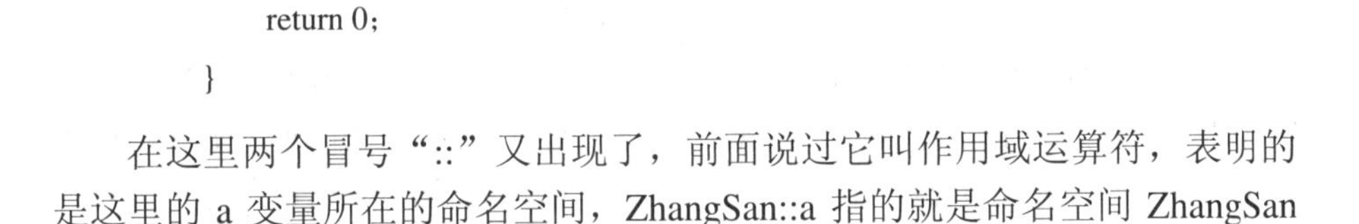

在这里两个冒号“::”又出现了，前面说过它叫作用域运算符，表明的是这里的 a 变量所在的命名空间，ZhangSan::a 指的就是命名空间 ZhangSan 这个命名空间中的 a 变量。

这样程序的结果是：

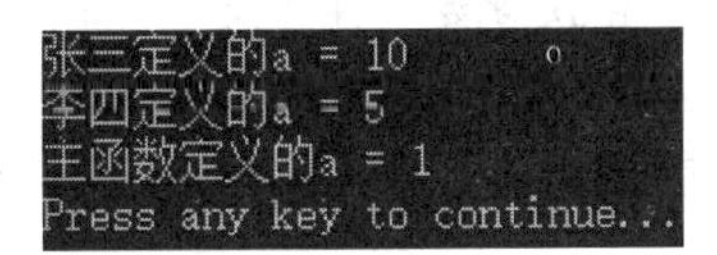

可看出不同命名空间中的同名变量互不影响。顺便连命名空间的定义方法也一起介绍了。

继续回到例子。前面例子里 main 函数使用的是前面声明的 using namespace std；即 std 命名空间。看着 std 是不是有点眼熟啊，嗯啊，就是 stdio.h 的 std 啊，代表的是“标准”的意思。在 C++中，使用任何标准库都需要 std 命名空间(不仅是 iostream 类，基本上所有标准库的类的对象都是在 std 空间里才起作用)，所以如果想用 cin、cout 这类对象，就一定要用 std 空间。如果不想写成的话就要写成 using namespace std;这种格式的话，也可以像这样 using namespace std::cout、using namespace std::cin 来分别声明要用到 std 空间里的标准对象。当然比较之下还是直接写成 using namespace std;更为方便，一句声明即可使用所有标准库。

就如我们前面说的，其实 C++引入了命名空间 namespace 主要解决了多个程序员在编写同一个项目中可能出现的函数等重名的现象，解决方法就是加上自己的命名空间。

例子中还出现了 cin、cout 两个对象，所以再来看看 cin 和 cout 对象的用法吧。cin 对象中使用的符号是“>>”运算符而 cout 使用的是“<<”运算符，前者用于输入，后者用于输出。cin >> a;表示的是 cin 对象从输入流获取输入的内容并写入到变量 a 中；同样的 cout << a;则表示的从变量 a 中取出数据并通过 cout 对象借助输出流输出。

这里提到了“流”的概念，这个流的概念其实很重要，而且并不难，可以类比成水流：输入的时候我们从一条面向我们流过来的“水流”(输入流)中使用 cin 对象“捞”出我们要的数据；输出的时候我们将要输出的数据通过 cout 对象“抛“到面向我们流出去的“水流”(输出流)来输出内容。(流的具体概念将在下一节介绍。)

然后你可能还经常在 cout 对象末尾看到一个 endl，嘿嘿，别被它吓到了，它就是个换行符的意思，endl 全称 endline，即表明此行结束进行换行。其实跟 printf()函数的\n 效果一样，如果没有 endl 结尾的话，下一次的输出会紧接着上次的输出结果。

说完了这些，我们就可以看看这段代码中的重载了。很明显我们定义了三个相同名字不同内容的 max 函数，即重载了 max 函数。并且最后在输出时发现：虽然我们没有指定每次运算应该调用哪个 max 函数的重载，但是结果完全符合我们的预期，这就是我们前面说到的编译器会根据实际情况选择性调用最为合适的重载函数所得到的结果。

其实重载函数并不要求函数体相同，除了允许参数类型不同以外，还允许参数的个数不同。

比如：

```
int max(int a，int b，int c);
int max(int a，int b);
```

也是彼此构成重载的。

不过有一种关系不是重载，在重载时参数的个数和类型可以都不同，但不能只有函数的类型不同而参数的个数和类型相同。比如：

```
int f(int);        //函数返回值为整型
long f(int);       //函数返回值为长整型
void f(int);       //函数无返回值
```

这三个函数在函数调用时都是同一形式，如“f(10)”，编译器无法判别应该调用哪一个函数。

重载函数的参数个数、参数类型或参数顺序三者中必须至少有一种不同，函数返回值类型可以相同也可以不同。

当然类中的成员函数也可以进行重载：

```
class Car
{
public:
    void Set_Weight();
    void Set_Weight(int n);
private:
    int weight;
};

void Car::Set_Weight()
{
    weight = 100;
}

void Car::Set_Weight(int n)
{
    weight = n;
}
```

在这里 void Set_Weight();和 void Set_Weight(int n);就构成重载。如果用户没有输入，那么就调用 void Set_Weight();自动给 weight 赋值 100；用户有输入，就调用 void Car::Set_Weight(int n)将用户输入大小赋值给 weight。

嗯，函数重载貌似就这些了～

除了函数重载，还有一种重载很重要哦～那就是——

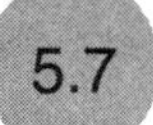

5.7 构造函数、传引用调用以及运算符重载

1. 构造函数

这里其实有个构造函数的知识点在前面的例子中一直有涉及，接下来我们就来好好介绍一下什么是构造函数吧～

老规矩，先举个例子：

```
class Complex
{
public:
    Complex()                   //构造函数
    {
        real = 1;
        imag = 1;
    }
    Complex(int r, int i)       //构造函数重载
    {
        real = r;
        imag = i;

}
private:
    int real;                   //实部
    int imag;                   //虚部
 };
```

有没有发现，好像有个奇怪的“东西”混进代码了？嗯啊～就是 Complex() 和 Complex(int r, int i)这两个像成员函数又不像成员函数的函数了。

好吧，感觉又是绕口令了。什么叫像成员函数又不像成员函数咧？

仔细看看，它们好像没有返回值啊，而且函数名和类的名字是一样的，那这是什么东西呢？

这个东西叫做构造函数，它是一种特殊的成员函数。与其他成员函数不同，构造函数不需要用户来调用它，而是在创建对象时自动执行，其作用是

为新创建的对象的成员变量赋值，因为类的数据成员是不能在声明类时初始化的，也就是不存在类似

```
class Complex
{
private:
        int real = 1;
        int imag = 1;
}
```

这种被赋值的类。赋值操作都是针对由类创建对象的，前面说过类是一个抽象的数据和函数的封装体所以它不可能包含特定的赋值，类中一切数据的值都是抽象不确定的。所以每一个创建出来的类中所有成员变量都是未赋值的，为了简化赋值操作，就有了构造函数这种函数。

构造函数不能被用户调用，能被调用的是构造函数的重载(构造函数重载等后面也会介绍到)。

构造函数的名字必须与类名同名，以便编译器能识别它并把它作为构造函数处理。它既不具有任何类型也不返回任何值，构造函数的功能是由我们自定义的，我们可以根据具体需要对它进行合适的赋值。比方说：

```
class Complex
{
public:
       Complex()          //构造函数
       {
              real = 1;
              imag = 1;
       }
private:
        int real;                    //实部
        int imag;                    //虚部
};
```

这里的 Complex()就是 Complex 类的构造函数，它默认将成员变量 real 和 imag 都赋值为 1，也就是说如果你写了句 Complex c1;那么 c1. real 和 c1.imag 的值就已经被赋值为 1 了。

在这里我们并未做任何操作，只是针对Complex类创建了一个新对象c1，但构造函数已经自动执行了，这就是前面所说的构造函数无需用户调用自动执行。但是这样的话麻烦也就来了，既然构造函数每次都自动将成员变量赋值为 1，那如果我们有一次就是需要赋值为 2 怎么办？在创建对象后重新再手动修改变量值？No No No~C++早就替你想到了这种情况，所以允许对构造函数进行重载～ 对于构造函数的重载其实就是给它的括号里加了参数，所以也叫有参数的构造函数。

```
class Complex
{
public:
    Complex()              //构造函数
    {
        real = 1;
        imag = 1;
    }
    Complex(int r, inti)   //构造函数重载
    {
        real = r;
        imag = i;
    }
private:
    int real;              //实部
    int imag;              //虚部
};
```

这里 Complex()是构造函数，也就是我们无法控制的那个在创建类时自动执行的函数；而 Complex(intr,inti)就是构造函数的重载，它的意思是如果我们在创建对象的时候如果同时赋值给了这个对象两个整型值，它会自动将这两个值传给形参 r 和 i 并执行 Complex(intr,inti)这个构造函数，也就是分别将 r 和 i 的值赋值给该对象 real 和 imag 成员变量。如果我们构建两个 Complex 的对象：

```
Complex c1, c2(2,3);
```

此时如果输出 c1.real、c1.imag、c2.real、c2.imag 的话你会发现 c1.real、c1.imag 依然等于 1，但是 c2.real 等于 2，而 c2.imag 等于 3。也就是说重载

的构造函数在创建 c2 对象时被调用了。

而且对于构造函数的重载，我们现在写的这种格式：

```
Complex(int r, inti)      //构造函数重载
{
    real = r;
    imag = i;
}
```

可以简化为代码行数更短的格式，写法如下：

```
Complex(int r, int i) : real(r), imag(i){ }
```

二者效果完全相同，各有优点。前一种写法更为明了，符合我们日常编程习惯，但在类中过多的占用了代码行，可能会导致类的代码行数过于臃肿，可读性降低；后者简明扼要，但对于不了解这种写法的人而言不明所以。但对于 C++ 程序员而言，一般后者是大多数人的选择。

另外，如果我们在类中没有写构造函数，编译器会自动生成一个空的构造函数，比方说 Complex 类的空构造函数就是：

```
Complex(){ };
```

它不执行赋值操作，也就是说创建的新对象的成员变量不会被初始化。

讲到这，构造函数也就讲差不多啦，接下来讲讲传引用调用吧！

2. 传引用调用

说到传引用调用，这是 C++ 里新出现的不同于传值调用和传址调用的第三种调用方法。说白了就是即不靠形参，又不靠指针，而是直接对这个对象的“真身”进行各种操作。也就是说这些操作会直接在这个对象上起作用，而不是像传值那样仅仅改变形参而真实数据不变，也不像传址调用是靠指针间接改变数值。

传引用调用的方式也和前两者不同，以 Swap 函数为例，传值调用声明方式是：

```
int Swap(int a,int b);
```

表示调用的参数是两个从实参那获得赋值的整型形参；传址调用的声明方式是：

```
int Swap(int *a,int *b);
```

表示调用的参数是两个从实参那获取了实参地址的整型指针；而传引用调用的声明方式是：

```
int Swap(int &a, int &b);
```

意思是分别给这两个实参起了 a 和 b 这两个别名，这两个别名和形参共用同一个地址，直接通过对 a、b 进行操作就会直接导致实参的改变。

说了这么多估计你已经迷糊了吧～嗯，其实传引用调用和传址调用有些类似，它们都是地址的概念。传址调用的指针指向一块内存，它自身也是占用内存的，它存储的内容是所指内存的地址(如图 5-6 所示)；传引用调用引用的是某块内存的别名，并没有自己的内存(如图 5-7 所示)。所以说指针是一个实体，而引用仅是个别名，没有自己的实体，所以引用只能在定义时被初始化一次，之后不可变，指针的指向可变。

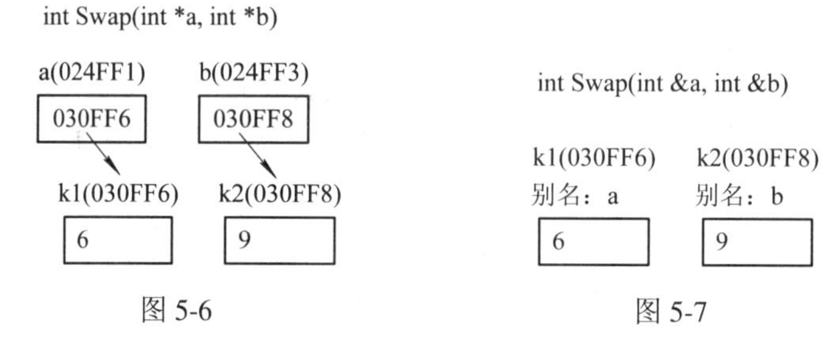

图 5-6　　　　图 5-7

讲完了这些铺垫知识，就可以正式讲运算符重载了～

3. 运算符重载

对的，就是运算符重载！

运算符重载是对已有的运算符赋予多重含义，使同一个运算符作用于不同类型的数据导致不同行为的发生。其实在 C 和 C++的预定义中已经对运算符进行过一些重载，比如：

```
inti, i1 = 1, i2 = 2;
double d, d1 = 1.1, d2 = 2.1;
i = i1 + i2;
d = d1 + d2;
cout<< "i = " <<i<<endl;
cout<< "i = " << d <<endl;
```

在这里“+”运算符既完成了对整形变量的加法又完成了对双精度数的加法，其实是它已经被进行了重载了的结果。

但是编程语言中的预定义的操作符重载并不是总能满足我们的需求，所以我们有时候还需要根据自己的需求对运算符进行重载，这也就是所谓的运算符重载了。

比方说我们高中时学过的一个叫复数的货，它既有实部又有虚部(像2+i)，如果定义一个叫做复数 Complex，如下，这里就拿整数类型举例吧！

```
class Complex
{
public:
    Complex()               //构造函数
    {
        real = 1;
        imag = 1;
    }
    Complex(int r, int i)   //构造函数重载
    {
        real = r;
        imag = i;
    }
private:
        int real;           //实部
        int imag;           //虚部
};
```

那这时候如果我创建对象

```
Complex com1, com2(12, 2);
```

然后执行

```
Complex sum;
sum = com1 + com2;
```

那么编译器肯定会报错，这是因为 Complex 类这个类型不是预定义类型，标准库没对该类型的数据进行加法运算符函数的重载。也就是说对于这里的“+”号运算符，编译器“麻爪”了～

这个时候就要对“+”运算符进行重载，即定义运算符重载函数。

其函数名定义规则为，使用 operator 关键字并在其后后紧跟要重载的运算符，像 operator + ()、operator * ()等。

那现在我们就重载一下“+”号运算符：

```
Complex operator + (Complex com1, Complex com2)           //运算符重载函数
{
  return Complex(com1.real+com2.real,com1.imag+com2.imag);
}
```

它返回的是一个 Complex 类的返回值，所以接收这个返回值的对象也一定要是 Complex 类的对象，不然会产生类型不匹配错误～

这次再进行加法运算的话应该就没问题了。

写个例子来尝试一下：

```
#include<iostream>
using namespace std;
class Complex
{
public:
    int real;                       //实部
    int imag;                       //虚部
    //注意这里成员变量都是 public 权限  等下会解释原因～
    Complex()                       //构造函数
    {
        real = 1;
        imag = 1;
    }
    Complex(int r, int i)           //构造函数重载
    {
        real = r;
        imag = i;
    }
};
Complex operator + (Complex com1, Complex com2)
{
    return Complex(com1.real + com2.real, com1.imag + com2.imag);
}
```

```
int main(void)
{
    Complex c1(10,-12), c2(5,2), sum;
    sum = c1 + c2;//也可以写成 sum = operator+(c1,c2);
    cout<<"sum 实部为:"<<sum.real<<endl;
    cout<<"sum 虚部为:"<<sum.imag<<endl;
    return 0;
}
```

运行结果就是：

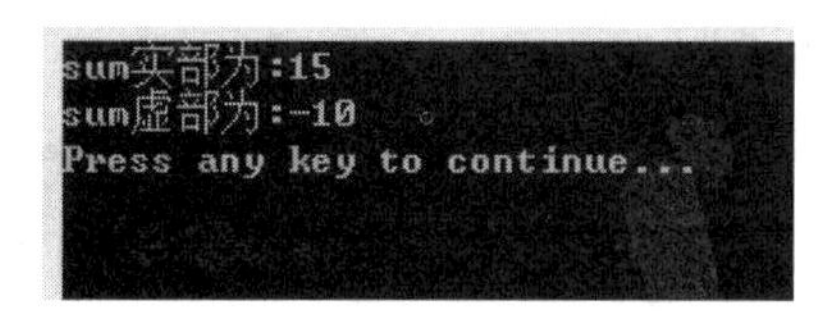

也可以将 sum = c1 + c2;写成 sum = operator +(c1, c2);但我觉得前者更符合我们的书写习惯，编译器编译时会自动把前者转换成后者的。

不过要记得，作为保存返回值的 sum 对象的对象类型一定要与 c1、c2 的对象类型相同，这样 sum 本身才会有 real imag 这两个成员变量，才能够正确接收返回值～

刚才示例中的成员变量是 public 权限的，这是因为例子中的运算符重载函数不属于任何的类，因此只有在 Complex 类中的数据成员是公有的性质前提下运算符重载函数才可以访问其内容。但如果将成员变量定义为私有的呢？那该怎么办咧？其实，在实际的运算符重载函数声明当中，应该定义其为要操作类的成员函数或该类的友元函数。

运算符重载函数作为类的友元函数的形式：

```
class 类名
{
    friend 返回类型 operator 运算符(形参表); //在类内部声明
};
```

在类外定义(当然也可以在类内部声明定义一气呵成)：

```
返回类型 operator 运算符(参数表)
```

```
{
  函数体
}
```

修改一下我们上面的例子：

```
#include<iostream>
using namespace std;
class Complex
{
public:
     Complex()               //构造函数
     {
          real = 1;
          imag = 1;
     }
     Complex(int r, int i)   //构造函数重载
     {
          real = r;
          imag = i;
     }
     void ShowSum();         //用于输出实部虚部
     friend Complex operator +(Complex com1,Complex com2);
     //友元函数重载+号运算符，Complex 表示它的返回值是 Complex 类型
private:                     //这次变量定义为私有
  int real;                  //实部
  int imag;                  //虚部
};
void Complex::ShowSum() //输出实部虚部函数的具体实现
{
     cout<< real;
     if(imag> 0)
     {
```

```
            cout<< "+";
        }
        if(imag == 0)
        {
            cout<<endl;
        }
        else
        {
            cout<<imag<< "i" <<endl;
        }
    }
    Complex operator + (Complex com1, Complex com2) //重载+号运算符具体实现
    {
        return Complex(com1.real + com2.real, com1.imag + com2.imag);
    }
    int main(void)
    {
        Complex c1(12,2), c2, sum;
        sum = c1 + c2;
        sum.ShowSum();
        return 0;
    }
```

运行结果是：

```
13+3i
Press any key to continue...
```

在这段代码里，运算符重载以及 void ShowSum()函数的具体实现都是在外部写明的，主要是因为就像我们前面说过的，成员函数实现代码太长，放在类中会影响其他成员函数声明的可读性。

发现没啊，友元函数在写实现的时候就不用加“Complex::”，因为前面说过它只是 Complex 类的朋友，并不属于 Complex 类啊。

运算符重载函数可以返回任何类型，甚至是 void 空类型。但通常返回类型都与它所操作的类类型一样，这样可以使运算符使用在复杂的表达式中。比如把上面代码中 main()主函数里的 com1 + com2 改为 com1 + com2 + com2，那么结果又会不一样了。

在重载时要注意，像赋值运算符=、下标运算符[]、函数调用运算符()等是不能被定义为友元运算符重载函数，只能定义为成员函数来重载；同一个运算符可以定义多个运算符重载函数来进行不同的操作(这点跟函数重载一样)。

说完了作为友元函数的运算符重载形式，再讲讲作为成员函数的形式吧～

运算符重载函数作为类的成员函数的形式：

```
class 类名
{
  返回类型 operator 运算符(形参表);        //作为成员函数声明
};
```

类外定义格式：

```
返回类型 类名:: operator 运算符(形参表)  //需要作用域运算符了
{
  函数体;
}
```

继续改写我们上面的例子，这次使用成员函数形式：

```
#include <iostream>
using namespace std;
class Complex
{
public:
    Complex()                    //构造函数
    {
        real = 1;
        imag = 1;
    }
```

```
    Complex(int r, int i)            //构造函数重载
    {
        real = r;
        imag = i;
    }
    void ShowSum();                  //用于输出实部虚部
    Complex operator + (Complex com1);    //成员函数重载+号运算符
private:
    int real;                        //实部
    int imag;                        //虚部
};
void Complex::ShowSum()          //输出实部虚部函数的具体实现
{
    cout<< real;
    if(imag> 0)
    {
        cout<< "+";
    }
    if(imag == 0)
    {
        cout<<endl;
    }
    else
    {
        cout<<imag<< "i" <<endl;
    }
}

Complex Complex:: operator + (Complex com1) //重载+号运算符具体实现
{
    return Complex(real + com1.real, imag + com1.imag);
}
```

```
int main(void)
{
    Complex c1(12, 2),c2,sum;
    sum = c1 + c2;
    sum.ShowSum();
    return 0;
}
```

结果和刚才友元的结果一样。

哎，你发现没有啊，定义为成员函数的时候，重载“+”号运算符只传递给它了一个对象参数 com1，因为它是成员函数嘛！调用它的时候发动调用的这个对象本身就是一个 Complex 类对象，这里“+”号执行的是把这个自身对象和 com1 相加的运算。

比方说：

```
Complex c1, c2, sum;
sum = c1.Complex + (c2);
//成员函数写法 也可以写成上面那样 sum = c1 + c2;
sum = Complex + (c1, c2);
//友元函数写法 传递了两个对象 也可写成 sum = c1 + c2;的形式
```

这里两个语句都是将 c1 和 c2 对象内部成员变量对应相加的意思，成员函数只传了一个 c2 对象，友元函数由于自身不属于该类，没有该类的对象，所以传入给友元函数的是两个对象，这也是友元函数与成员函数的一个区别吧。

换句话说，友元函数完全是从客观角度进行运算，它本身不是成员函数所以不带有对象；而成员函数本身就有一个指向自身的 this 指针，它自己就是一个对象，所以只需要再找一个对象就可以进行运算了。

一般情况下都比较建议写成成员函数形式，一来是因为友元函数这东西一直很有争议，它在一定程度上破坏了面向对象中类的私有性；二来是因为有些操作符，像“=、()、[]、->”这几个运算符的重载必须写成成员函数，所以统一写成成员函数能少记些东西。

不过也有特例，比方说“<<”运算符就只能写成友元函数形式，对于特例只能特殊记忆喽～

还有，并不是所有的运算符都能被重载，除了“.”、“.*”、“::”、“? :”、sizeof，typeid 这几个运算符不能被重载，其他运算符都能被重载。只是有些既可以写成友元函数又可以写成成员函数，有些就只能写成其中的一种。

运算符重载不会改变该符号的优先级与结合律，而且我们不能重载已经存在的预定义。比方说编译器预定义的 1+1 这种整型数的加法就不能再重载，我们能重载的只有它原来没有的类型，一般都是我们自定义的类型。而且操作符重载不会改变该符号的操作数个数，比方说“+”号需要两个操作数才能成立，我们就不能把它重载成只要一个操作数就可以操作(你见过“1+”这种东西可以叫加法算式的吗？)。

4．输入“>>”、输出“<<”运算符重载

这俩运算符的重载其实比起上面的加号运算符重载要难理解一些，因为要用到引用(reference)和流(stream)的概念。我会尽量讲的易懂的，别怕哦！

首先，对“<<”和“>>”重载的函数形式如下：

```
istream& operator >> (istream&形参, 自定义类 &形参);
ostream& operator << (ostream&形参, 自定义类 &形参);
```

即，重载运算符“>>”的函数的第一个参数和函数的类型都必须是 istream&类型，第二个参数是要进行输入操作的类；重载“<<”运算符的函数的第一个参数和函数的类型都必须是 ostream&类型，第二个参数是要进行输出操作的类。因此，只能将重载“>>”和“<<”的函数作为友元函数或普通的函数，而不能将它们定义为成员函数。

1) 输出“<<”运算符的重载

这里先讲解一下流(stream)的概念。

“流”就是“流动”的意思，是物质从一处向另一处流动的过程。C++中流是指信息从外部输入设备(如键盘和磁盘)向计算机内部(即内存)输入和从内存向外部输出设备(如显示器和磁盘)输出的过程，这种输入输出过程被形象地比喻为“流”，输入的称为输入流，输出的称为输出流。而 cout 和 cin 分别是输入输出流的一个对象，为了能够顺利的输入输出，我们在重载输入输出符时依然需要调用对应的流 istream&ostream&，表示的是对输入和输出流的引用。

前面已经讲完了传引用调用，接下来再来看“<<”运算符重载的代码就好理解多了：

```
#include<iostream>
using namespace std;
class Complex
{
public:
    Complex()                          //构造函数
    {
        real = 1;
        imag = 1;
    }
    Complex(int r, int i)                    //构造函数重载
    {
        real = r;
        imag = i;
    }
    Complex operator + (Complex com1);    //重载+号运算符
    friendostream& operator<<(ostream&output,Complex &com1);
    //友元函数重载运算符
    private:
    int real;
    int imag;
};

Complex Complex::operator + (Complex com1)//重载+号运算符实现
{
    return Complex(real+com1.real,imag+com1.imag);
}

ostream& operator << (ostream &output, Complex &com1)//友元重载输出符实现
{
    if(com1.imag!=0)
    {
        if(com1.imag > 0)
        {
            output<<com1.real<<"+"<<com1.imag<<"i"<<endl;
```

```
            }
            else
            {
                output << com1.real <<"-"<< com1.imag <<" i" <<endl;
            }
        }
        else
        {
            output<<com1.real<<endl;
        }
        return output;
    }
    int main(void)
    {
        Complex c1(12,1),c2(3,5),c3;
        c3 = c1 + c2;              //或 c3 = c1.operator+(c2);\c3 = c2.operator+(c1);
        cout<< c3;                 //或 operator << (cout, c3);
        return 0;
    }
```

发现没啊，上次没有重载输出符的时候，我们在 Complex 类里还写了个 void Show_Sum()函数来输出结果；而这次重载了输出符之后可以直接用 cout<< c3;就可以实现 Show_Sum()函数原来的功能了。

那它究竟是如何实现的咧？我们来好好看看这段代码。

首先我们还是先声明了一个叫 Complex 的复数类，它有 Complex()构造函数及其重载 Complex(intr,inti)并且重载了“+”号运算符。

```
Complex Complex::operator+(Complex com1)       //重载+号运算符实现
{
    return Complex(real+com1.real,imag+com1.imag);
}
```

它和前面例子中的“+”运算符重载一样用于 Complex 类的对象的成员变量 real、imag 的相加运算，并将结果返回给一个 Complex 类的对象。重要的是它的下一句语句：

```
friendostream& operator<<(ostream &output, Complex &com1);
```

这是友元函数重载“<<”运算符的函数声明，因为<<代表的是输出，所以它需要一个输出流来进行输出的操作，所以这个函数的类型是 ostream&，即返回的是一个输出流的引用。参数列表中的前者 ostream&output，意思是该函数引用了一个输出流并且命名其别名是 output；后者 Complex &com1 代表着引用了一个 Complex 类下的对象并对其命名别名为 com1。

```
ostream& operator<<(ostream &output, Complex &com1)
//友元重载输出运算符实现
{
    if(com1.imag!=0)
    {
        if(com.1.imag > 0)
        {
            output<<com1.real<<"+"<<com1.imag<<"i"<<endl;
        }
        else
        {
          output << com1.real <<"-"<< com1.imag <<” i” <<endl;
        }
    }
    else
    {
        output<<com1.real<<endl;
    }
    return output;
}
```

在这个输出符重载函数实现代码中规定，如果被引用的 com1 对象的 imag 成员变量等于 0，那么就只输出其实部，即 com1.real 的内容；否则按“实部+虚部 i”或“实部-虚部 i”的格式输出，如例子中的 15+6i。

当 main()函数中执行 cout<< c3;这句语句时，编译器将自动把这句语句改写成 operator << (cout, c3);即把 cout 这个输出流对象(前面说过的 cout 不是一个函数，而是输出流这个类下的一个对象)引用给重载 “<<” 的友元重载函数，重载函数会把 cout 命名一个别名 output，也就是说刚才重载函数中的

output 现在都和 cout 是完全等价的。所以：

```
output<<com1.real<<"+"<<com1.imag<<"i"<<endl;
output<<com1.real<<endl;
```

这样的语句就相当于：

```
cout<<com1.real<<"+"<<com1.imag<<"i"<<endl;
cout<<com1.real<<endl;
```

二者具备相同的输出功能。

同理 c3 被命名了 com1 这个别名被执行了输出操作。

上面说过 output 就已经将内容输出了，也就是说在执行 return output;之前内容就已经被输出了，那为什么还要 return output 输出流呢？

答案是：为了继续输出。

如果不返回这个输出流，那么它执行 cout<< c3 << c2 << c1;这样的语句的时候就会出问题了。

因为重载函数 ostream& operator<<(ostream &output, Complex &com1)每次都只能接受一个 Complex 类的参数引用，所以它要分别执行先执行，operator<<(cout, c3);然后是 c2 最后是 c1。但是因为输出流第一次就被用于输出了，所以后面的两个对象没有输出流对象可用了，即无法输出。但是如果在函数结尾加上 return output 即每次都在结尾返回输出流，那么这个输出流就可以被复用，这样就可以执行类似于 cout<<c3<<c2<<c1;的连续输出操作了。

还要注意区分什么时候“<<”运算符是正常的标准输出，什么时候“<<”运算符是重载的输出流运算符。比方说：

```
cout<<c3<<5<<endl;
```

只有第一个“<<”运算符是调用重载的运算符，后面两个不是重载的“<<”运算符。因为它们的右侧不是 Complex 类对象而是标准类型的数据，所以是用标准库预定义的流输出符处理的。

除此之外，因为是在 Complex 类中定义了运算符“<<”重载函数为友元函数，即该函数是 Complex 类的友元函数(好朋友)因此只有在输出 Complex 类对象时才能使用这个重载函数，对其他类使用是会报错的。

```
Time time;
cout<< time;
//time 是 Time 类对象不能使用用于 Complex 类的重载运算符
```

至此输出流的“<<”运算符重载就算是讲完啦，这个是 C++中的一个要点哦～

2) 输入“>>”运算符的重载

输入“>>”运算符的重载方法其实完全可以把输出符重载的方法拿来做参考：

```
istream& operator >> (istream&形参, 自定义类 &形参);
```

输入符的重载要引用一个输入流，所以它的函数类型是 istream&即返回对输入流的引用。

依然老规矩，先写个例子吧：

```
#include<iostream>
using namespace std;
class Complex
{
public:
    friend ostream & operator << (ostream &output, Complex &com1);
    //“<<”运算符友元重载
    friend istream & operator >> (istream &input, Complex &com1);
    //“>>”运算符友元重载
private:
    int real;
    int imag;
};

ostream& operator<<(ostream&output,Complex &com1)
//重载具体实现
{
    if(com1.imag!=0)
    {
        if(com1.imag>0)
        {
            output<<com1.real<<"+"<<com1.imag<<"i"<<endl;
        }
        else
```

```
            {
                output<<com1.real<<"-"<<com1.imag<<"i"<<endl;
            }
        }
        else
        {
            output<<com1.real<<endl;
        }
        return output;
    }
    istream& operator >> (istream &input, Complex &com1) //重载输入符具体实现
    {
        cout<< "请分别输入实部虚部~";
        input>>com1.real>>com1.imag;
        return input;
    }
    int main(void)
    {
        Complex c1,c2;
        cin>>c1>>c2;          //也可写成 operator >> (operator >> (cin, c1), c2);
        cout<<"c1="<<c1<<endl;
        cout<<"c2="<<c2<<endl;
        return 0;
    }
```

有了前面重载输出运算符的经验，看这段代码应该就简单多了，我们再一起看下吧！

首先我们还是先定义啦 Complex 复数类：

```
    class Complex
    {
    public:
        friend ostream & operator << (ostream &output, Complex &com1);
        friend istream& operator >> (istream &input, Complex &com1);
```

```
private:
    int real;
    int imag;
};
```

因为这次要通过输入赋值成员变量，所以类中就没必要构造函数对成员变量进行初始化。因此就默认缺省了构造函数，在类中我们声明了

```
friend ostream & operator << (ostream &output, Complex &com1);
friend istream & operator >> (istream &input, Complex &com1);
```

两个友元函数，分别用于重载“<<”和“>>”运算符。

“<<”运算符的声明咱们已经了解过了，它返回一个对输出流的引用，接收的参数分别是一个输出流引用，为其起别名为 output；以及一个 Complex 类的对象的引用，为其起别名为 com1。

那么我们的“>>”运算符重载就也可以“照葫芦画瓢”了：

```
istream& operator >> (istream &input ,Complex &com1);
```

istream& 说明它返回的是一个对出入流的引用，参数列表中前者 istream&input 表明它引用了一个输入流并为其起别名为 input；后者 Complex &com1 表示它引用了一个 Complex 类的对象，并为其起别名为 com1。

再来看看这俩友元函数的具体实现：首先输出运算符的重载和刚才那个例子是一样的，就不说了，重点看看输入流运算符重载的具体实现吧：

```
istream& operator >> (istream &input, Complex &com1) //重载输入符具体实现
{
    cout<< "请分别输入实部虚部～";
    input>>com1.real>>com1.imag;
    return input;
}
```

在它执行输入操作之前会先在屏幕输出"请分别输入实部虚部～"的字样，然后等到有数据输入后，该函数会通过 input 输入流将数据分别赋值给当前的 com1 对象的 real、imag 成员变量，并返回 input 输入流以便连续输入。

所以，当 main 函数执行到 cin>>c1>>c2;这一句时，编译器会自动识别并将其改写为 operator >> (operator >> (cin, c1), c2); 形式，即调用 Complex 类的友元函数输入流操作符重载函数；输入流操作符重载函数将会先进行第一

步操作，即 operator >> (cin, c1)，就是把 cin 作为输入流引用对象把 c1 作为 Complex 类的引用对象进行操作，它的内部执行过程类似就成了这样：

```
operator>> (cin, c1)
{
    cout<< "请分别输入实部虚部～";
    cin>>c1.real>>c1.imag;
    return cin;
}
```

即在分别将实部虚部数据赋值给 c1.real、c1.imag 后，将 cin 对象返回以便继续 operator >>(operator >> (cin, c1), c2);的第二步操作。当执行完第一步操作后，这句话就已经可以省略成 operator >> (cin, c2)了，即返回的 cin 输入流对象再次被引用并与另一个被引用的 c2 对象进行操作。函数执行过程和上面的一样，就把里面的 c1 全改成 c2 就行了。

最后再次返回 cin 输入流，输入完毕。

```
cout<<"c1="<<c1<<endl;
cout<<"c2="<<c2<<endl;
```

这两句话调用了 Complex 类的输出流重载友元函数，前面讲输出流运算符重载已经讲过了，忘了的话回头好好看看哦，这里就不再赘述了。

5.8 对象指针和 this 指针

其实对象指针和 this 指针都很好理解，首先从对象指针说起吧。

我们在定义对象的时候，编译器会自动为这个新对象分配一定大小的空间，而这个对象的空间的首地址可以赋值给该类型对象的指针变量，获得的结果是一个指向对象的指针。

比如：

```
Time *pt;       //定义 pt 为指向 Time 类对象的指针变量
Time t1;        //定义 t1 为 Time 类对象
pt = &t1;       //将 t1 的起始地址赋给 pt
```

中 pt 就是指向 Time 类对象的指针变量，它指向对象 t1。

发现没有啊，对象指针很像 C 语言中的结构体指针。

C 语言中的结构体指针的定义格式是：

struct 结构体名 *结构体指针名；

而 C++中对象指针定义格式是：

类名 *对象指针名

而且它们被赋值时都是获得的对象或结构体的首地址。

同时，通过对象指针访问对象成员函数的方法，也与 C 语言中结构体指针访问结构体成员变量如出一辙，也是使用“->”运算符，这里就不再赘述了。

除了对象指针，还有其他几种指针，接下来就依次介绍。

1. 指向对象数据成员的指针

这种指针其实就是普通类型的指针变量，但是指向的是一个对象的成员变量。比如：

```
class Complex
{
    private:
    int real;
    int imag;
};
int *p;
Complex c1;
p = &c1.real;
```

p 本身就是个普通的整型指针变量，不过所指向的地址是一个对象的成员变量，所以它变成了指向对象数据成员的指针。

然后

```
cout << *p << endl;
```

就能输出 c1.real 的值，当然这个例子里并没给 c1.real 赋值。

2. 指向对象成员函数的指针

这个指针和上面那个指向对象数据成员的指针相比麻烦一些，它不是定义一个指向函数的指针，然后把某个对象的公共成员函数的首地址给它就可以的。因为成员函数属于某个特定的类，所以用到的函数指针也要求是属于该类，这就又要用到那两个冒号“::”，即作用域运算符来指明所属了。

正常的指向普通函数的指针写法是：

数据类型名 (*指针变量名) (参数列表)

```
void (*p)(int a，int b )；
 //p 是指向 void 型且接收两个 int 形参的函数的指针变量
```

那么加上“::”的话，就成了：

数据类型名 (类名::*指针变量名)(参数列表)

比方说：

```
void (Time::*p)(int a，int b)
/*p 是指向 void 型且接收两个 int 形参的且是 Time 类的对象的成员函数的指针
变量(好像绕口令 囧)*/
```

比方说我们原来最早讲 Complex 类的时候，在成员函数中写过一个 void ShowSum()函数，那么现在下面语句：

```
Complex c1；
void (Complex::*p)()；
//定义一个指向 Complex 类的 void 类型函数的指针变量
p = c1.ShowSum()；
```

这样调用 c1.*p()；就等同于调用 c1.ShowSum()；。

而且我们说过因为成员函数不是保存在对象的内存空间中的，而是存在对象外的那个程序代码区，所以如果有多个同类的对象，它们共用同一个函数代码段(即所以同类对象的成员函数的地址是一样的)。

即如果在创建一个 c2 对象，那么直接调用 c2.*p();的话，效果也是等同于 c2.showSum();的。因为 c1 与 c2 是同类对象，其成员函数的地址是一样的。

这里我们沿用了 C 语言的习惯，因为刚才说过，函数的名字本身就是它的首地址，所以说可以不加取址符，但是加上也不算错，就是说写成

```
p = &c1.ShowSum()；
```

也是可以的。这个的原因在 C 语言部分的函数指针部分(4.8 节)已经介绍过了，这里不再赘述。

说完了前面那些指针，该讲讲 this 指针了。

3. this 指针

其实在创建每一个对象的时候，都有一个指针被隐式地创建了。它指向这个对象本身的首地址，而它的名字是统一的：this，这就是传说中的 this 指针。

this 指针是隐式使用的，它是作为参数被传递给成员函数的。比如我们

定义一个 Box 类，它有一个成员函数 volume。成员函数 volume 的定义如下：

```
int Box::volume( )
{
    return (height * width * length);
}
```

C++在编译时会把它处理为

```
int Box::volume(Box *this)
{
    return (this->height * this->width * this->length);
}
```

即在成员函数的形参表列中增加一个 this 指针，然后这个成员函数在被调用的时候，实际上进行的操作是把自身引用给这个成员函数。不过这些都是编译器自动实现的，不必一定要人为地在形参中增加 this 指针。

按照我们习惯正常写成

```
int Box::volume( )
{
    return (height * width * length);
}
```

也是完全没问题的。

当然在需要时也需要显式地使用 this 指针，比如前面我们写的那个 Complex 复数类，里面有一个构造函数重载：

```
Complex(int r, int i)
{
    real = r;
    imag = i;
}
```

这里其实可以把重载函数中的 r 和 i 改写成 real 和 imag，因为函数形参的名字是可以随便起的嘛，但是这时候麻烦就来了……下面的赋值语句就成了：

```
real = real;
```

```
imag = imag;
```

这是啥玩意？乍看之下好像是自己给自己赋值，实际上这还是形参变量在将自己的值赋值给对象的成员变量，但是因为成员变量和形参变量名字一样了，结果就出现了这种尴尬情况。

这时候 this 指针就有用了，可以把这个构造函数重载写成：

```
Complex(int real, int imag)
{
    this->real = real;
    this->imag = imag;
}
```

这里的 this 指针指向当前对象自身，这样写就可以很容易看出这个操作是将形参变量 real 和 imag 的值赋值给当前对象的成员变量 real 和 imag 了。

这里有个很值得注意的问题：使用 this 指针操作数据时我们无法通过“.”这个运算符访问对象的变量，只能用“->”访问符，原因和结构体指针不能使用“.”运算符访问数据而必须用“->”运算符访问数据一样。因为 this 指针本身没有这些成员，它只是指针，“.”运算符只对访问自身成员有效，所以对于没有自身成员的指针，“.”运算符无效，这个要特别注意。

this 指针还有一些比较难理解的用法，感兴趣的话大家可以在未来继续深入学习。本章的初衷是为了让大家快速入门，所以就不深究一些很细节的内容了。

接下来讲讲和构造函数关系很大的析构函数。

5.9 析构函数和内联函数

析构函数(destructor)也是一个特殊的成员函数，它长得和构造函数很像，作用与构造函数相反，它的名字是类名的前面加一个“~”符号。

在 C++ 中“~”是位取反运算符，也就是说析构函数是与构造函数作用相反的函数，当对象的生命期结束时，析构函数会被自动调用。

具体地说，如果出现以下几种情况，程序就会执行析构函数：

(1) 如果在一个函数中定义了一个对象，当这个函数被调用结束时，对象应该释放，在对象释放前自动执行析构函数。

(2) static 局部对象在函数调用结束时对象并不释放，因此也不调用析构函数，只在 main 函数结束或调用 exit 函数结束程序时，才调用 static 局部对象的析构函数(因为被定义为 static 的对象被储存在全局区，没印象的可以回去看看 2.3 节。)。

(3) 如果定义了一个全局对象，则在程序的流程离开其作用域时(如 main 函数结束或调用 exit 函数) 调用该全局对象的析构函数。

其实总结来说就是注意这个对象的生存周期，只要它的生存周期到了要被销毁了的时候，就会在被销毁之前执行析构函数。

情况(1)说的就是在正常情况下，一个作为函数中的没有 static 修饰的对象，它是个局部对象，所以在函数执行完毕时将会被销毁，在被销毁前析构函数会执行。

情况(2)说的是被 static 关键字修饰的对象，它是不会被销毁的(因为前面说过储存的位置和正常对象不一样)，所以只有在程序退出时才会执行析构函数。

情况(3)说的是全局对象的情况，全局对象的生存期和 main 函数一致。

我在说上面这段话的时候一直在强调一件事，就是析构函数是在对象被销毁前执行的函数，而不是用于销毁对象的函数。因为析构函数的作用并不是删除对象，而是在撤销对象占用的内存之前完成一些清理工作，使这部分内存可以被程序分配给新对象使用，就有点像快捷酒店的客房服务。

析构函数不返回任何值，没有函数类型，也没有函数参数，不能被重载；一个类可以有多个构造函数，但只能有一个析构函数。

也就是说，不存在什么析构函数重载！

其实析构函数的作用并不仅限于释放资源方面，它还可以被用来执行“用户希望在最后一次使用对象之后所执行的任何操作”，例如输出有关的信息等。这里说的用户是指类的设计者，因为析构函数是在声明类的时候定义的，所以析构函数可以完成类的设计者所指定的任何操作。

嗯？类的设计者是谁？你猜，笨，就是你自己啊。

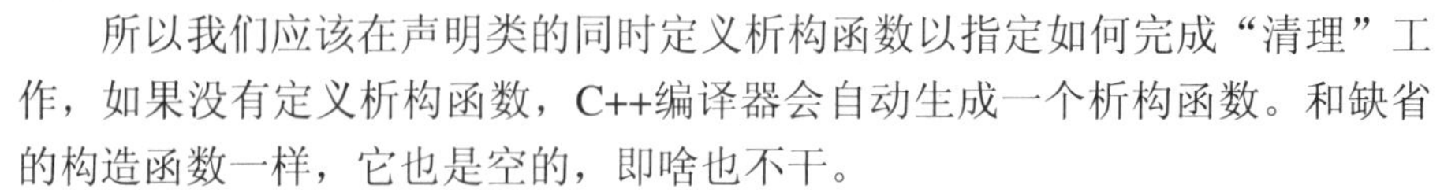

所以我们应该在声明类的同时定义析构函数以指定如何完成“清理”工作，如果没有定义析构函数，C++编译器会自动生成一个析构函数。和缺省的构造函数一样，它也是空的，即啥也不干。

写个例子看看析构函数是怎么工作的吧：

```
#include <iostream>
#include <string>
using namespace std;
```

```
class Student
{
public:
    Student()//构造函数
    {
        age = 13;
        strcpy(name, "kai");
        sex = 'm'; //m 代表男性, f 代表女性(male、female)
    }
    Student(int age, char *name, char sex)//构造函数重载
    {
        this->age = age;
        strcpy(this->name, name);
        this->sex = sex;
    }
    ~Student()//定义析构函数
    {
        cout << name << "对象已执行完毕" << endl;
    }
    void Show()
    {
        cout << "name:" << name <<endl;
        cout << "age:" << age << endl;
        cout << "sex:" << sex << endl;
}
private:
    int age;
    char name[10];
    char sex;
};

int main(void)
{
```

```
        Student stu1(11，"li"，'m')，stu2(12，"xin"，'f')，stu3；
        stu1.Show()；
        stu2.Show()；
        stu3.Show()；
        return 0；
    }
```

在这段代码里包含了string库，它是C语言中string.h头文件的延伸，在这里主要是为了用它里面的strcpy()函数来给字符串数组赋值。(string类中还有一个string对象，是C++中新增的字符串格式，比字符串数组方便一些。不过为了不过多引入新知识点，就先不用它了。)

在解释代码前先看看这段代码的执行结果：

```
name:li
age:11
sex:m
name:xin
age:12
sex:f
name:kai
age:13
sex:m
kai对象已执行完毕
xin对象已执行完毕
li对象已执行完毕
Press any key to continue...
```

在这里我们创建了一个名叫Student类，它拥有构造函数：

```
Student()//构造函数
{
    age = 13；
    strcpy(name，"kai")；
    sex = 'm'；
}
```

以及构造函数重载：

```
Student(int age，char *name，char sex)//构造函数重载
```

```
{
    this->age = age;
    strcpy(this->name, name);
    this->sex = sex;
}
```

重载里为了更直观地看出谁是形参谁是成员变量，成员变量是通过 this 指针调用的。(学了就要用嘛。😁)不知道你还记不记得 strcpy()这个函数了，它的功能就是将参数列表中的后者的内容赋值给前者，后者可以是有内容的字符串数组，也可以是字符串常量，前者必须是可以储存字符串的变量。然而它和 gets()函数用于存在缓冲区溢出漏洞，嗯……

构造函数和它的重载里的语句都比较简单，这里就不重复其内容啦～

重要的是这回的主角：

```
~Student()//定义析构函数
{
    cout << name << "对象已执行完毕" << endl;
}
```

析构函数前面说过了，它的名字就是在构造函数名前加个“~”运算符表示取反。它和构造函数一样没有函数类型、参数和返回值(有参数的那是构造函数重载)。

这个析构函数所作的操作很简单，就是当该对象生命期结束时输出一句话，其格式是：该对象中 name 成员变量的值+“对象已执行完毕”，就这么简单。

然后为了方便输出，我们写了个名为 void Show()的成员函数，内容肯定能看懂吧，这里就不啰嗦了～

之后我们在 main 函数中创建了三个 Student 类的对象，它们分别叫 stu1、stu2 和 stu3，其中前两个使用构造函数重载进行的数据初始化，之后分别执行三者的 Show 成员函数。

关键来了～

执行完三次 Show 函数后，main 函数执行完毕返回。作为 main 函数内的局部对象的 stu1、stu2、stu3 三个对象生命期结束，各自的析构函数开始执行。

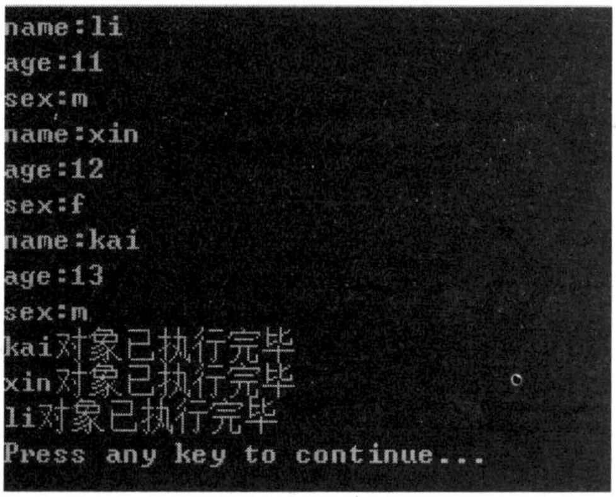

```
name:li
age:11
sex:m
name:xin
age:12
sex:f
name:kai
age:13
sex:m
kai对象已执行完毕
xin对象已执行完毕
li对象已执行完毕
Press any key to continue...
```

哎你发现没啊～这三个对象的析构函数的执行顺序刚好和这三个对象在 main 函数中执行完最后操作：调用 Show 函数的顺序相反。嘿嘿，最后被调用的对象最先执行析构函数，你猜这是为什么？(提示：栈区的结构特点)

析构函数就讲这些吧。

接下来再讲讲内联函数。

内联函数

介绍 C 语言的时候我们说过，我们写的函数是以二进制形式存储在程序代码区中的。每次调用函数都需要去寻址执行它，并在栈区分配其所需变量的空间。C++也是如此，执行过程也是大同小异，但其实在这个寻址、变量入栈的过程中是需要一定时间和空间开销的。

所以 C++和 C99 之后的 C 语言标准提供了一种提高效率的方法，即在编译时将所调用函数的代码直接作为指令流(类似于宏替换)嵌入到主调函数中，这种嵌入到主调函数中的函数就被称为内置函数(inline function)，又称内嵌函数。

说白了，内置函数和其他函数的区别就是其他函数代码在程序代码区，而内置函数则是类似宏替换直接在代码中展开，提升了运行效率，但也过多占用了空间。所以一般只将使用频率很高而且代码长度较短(5 个语句以下)且不包含复杂的控制语句如循环语句和 switch 语句的函数定义成内置函数。

指定内置函数的方法很简单，只需在函数首行左端加一个关键字 inline 即可。

比方说原来函数是

```
int max(int a，int b);
```

现在写成

```
inline int max(int a，int b);
```

就行了。

我们可以在声明函数和定义函数的同时声明 inline，也可以只在其中一处声明 inline，效果相同，都会被按内置函数处理。

```
#include <iostream>
using namespace std;
inline int max(int，int，int); //声明函数，注意左端有 inline
int main(void)
{
    int i = 10，j = 20，k = 30，m;
    m = max(i，j，k);
    cout << "max=" << m << endl;
    return 0;
}
inline int max(int a，int b，int c) //定义 max 为内置函数
{
    if(b > a)
    {
        return (a > c ? a : c);
    }
    else
    {
        return (b > c ? b : c);
    }
}
```

你看吧，除了加了个 inline 关键字，其他的都和正常函数一模一样。

对于 inline 的基础用法并不复杂，不过对于 C 语言而言，GCC 的 inline 关键字的复杂性可谓是个灾难。比方说 static inline、inline static 这类“神奇”的用法，这里就不详细介绍了(有点反人类……)大家感兴趣可自行学习。

5.10 静态成员与常成员

这节内容，其实如果会了 static 和 const 关键字就已经结束了。如果你是跳跃性阅读的，建议在看本节之前先去看一下“2.3 C 语言程序的段内存分配”、“2.11‘只进不出’的 const”和“2.13 不老实的 static”这三节的内容。

拿它们作为预备知识之后这节就已经非常简单了。

说白了，静态成员就是加了 static 关键字修饰的成员变量和成员函数；而常成员就是加了 const 关键字修饰的成员变量和成员函数；它们所拥有的新特性就跟着两个关键字本身的特性密不可分。

static 静态的，我说过它一点也不老实。定义 static 成员变量的原因是因为静态的成员变量所存放的位置是全局区(也叫静态区)在这里存放的数据它可以实现多个同类对象之间的数据共享并且还带有较强安全性(静态变量相对于普通全局变量，它被误修改的可能性更低)因为同类所有对象对于同一个静态成员都用的同一地址，所以该静态成员不属于这些对象中的任何一个，它是属于这个类的。

```
class Box
{
    public :
      int volume();
    private :
    static int height; //把 height 定义为静态的数据成员
    int width;
    int length;
};
```

上面的 height 就是一个静态成员，所有 Box 类的对象都可以引用它，然后所有 Box 类的对象的 height 变量的值就会都相等。如果改变了该静态变量的值，所有对象的该值都会改变。而且静态成员变量的生存周期很长，直到程序结束才会被销毁。

静态成员函数与静态成员变量类似，在类中声明函数的前面加 static 就成了静态成员函数。如：

```
static int volume();
```

和静态数据成员一样，静态成员函数是类的一部分，而不是对象的一部分，每个该类的对象都可以调用该函数，但这并不意味着此函数特定属于对象。

与静态数据成员不同，静态成员函数的作用不是为了对象之间的沟通，因为成员函数默认就是所有同类对象共用，静态成员函数是为了能处理静态成员变量。

静态成员函数与非静态成员函数的根本区别是非静态成员函数拥有 this 指针，而静态成员函数没有 this 指针，因此静态成员函数不能访问本类中的非静态成员，而静态成员函数可以直接引用本类中的静态成员变量。C++中，静态成员函数主要用来访问静态数据成员，而不访问非静态成员，因为它找不到……

而修饰常成员的 const 关键字则是一个将变量变成只读变量的关键字，哎，不就加了个“只读”俩字嘛，有什么了不起啊？不是哦，只读变量的内容不会轻易改变，也就是我们前面说的：“只进不出”。

只读成员变量就是在正常的成员变量前加 const 关键字，如原来是 int hour；那现在就是 const int hour；。

有一点要注意，只能通过构造函数的参数初始化对常数据成员进行初始化。如常数据成员 hour：

```
const int hour; //声明 hour 为常数据成员
```

不能采用在构造函数中对常数据成员赋初值的方法

```
Time::Time(int h)
{
    hour = h;
}  // 非法
```

因为只读数据成员是不能被赋值的，在初始化后其值便不可改变。

而只读成员函数的定义方法和前面的静态成员函数不一样，它是在函数参数列表的括号后面加 const 关键字，并且它和内联函数不同，在声明函数和定义常成员函数时都要写 const 关键字。

```
void get_time() const ; //注意 const 的位置在函数名和括号之后
```

如果将成员函数声明为只读成员函数，它只能引用本类中的成员变量但是不能修改，只用于输出数据等。

只读成员函数可以引用 const 成员变量，也可以引用非 const 成员变量；const 成员变量可以被 const 成员函数引用，也可以被非 const 的成员函数引用。其关系总结如表 5-1 所示。

表 5-1　成员变量与成员函数

成员变量	非 const 成员函数	const 成员函数
非 const 的成员变量	可以引用也可以改变值	可以引用但不可以改变值
const 的成员变量	可以引用但不可以改变值	可以引用但不可以改变值

说完了 static 和 const，接下来是三个听起来极像绕口令的内容。

5.11 对象数组、对象指针数组和对象数组指针

这仨听起来又和绕口令似的～

先从对象数组说起吧。

(1) 对象数组，顾名思义，就是由几个同类对象组成的数组。

以 Complex 复数类为例，定义对象数组的写法是：

```
Complex a[3];
```

它表示定义了一个 Complex 类的对象数组，它可以存储 3 个 Complex 类的对象，分别是 a[0]、a[1]和 a[2]。然后初始化的方式是这样的：

```
Complex a[3];

a[0] = Complex(12, 2);
a[1] = Complex(1, 2);
a[2] = Complex(2, 4);
```

也可以写成一句话：

```
Complex a[3] =
{
    Complex(12, 2);
    Complex(1, 2);
    Complex(2, 4);
}; //此处有分号
```

就可以完成对 real 和 imag 两个成员变量的初始化了。其实说白了它和结构体数组很相似。

(2) 对象指针数组，在讲它之前先回顾一下对象指针。所谓的对象指针指的是指向对象的指针变量，所以顾名思义，这个指针变量的类型也必须和

这个对象一致。比方说这个对象是 Complex 类的，那么这个指针也必须是 Complex 类的才行。

还是以 Complex 类为例，定义一个对象指针的方法是：

```
Complex *p1;
```

然后它就可以指向任何一个属于 Complex 类的对象了，比方说：

```
Complex c1;
p1 = &c1
```

这样子就可以用*p1 指代 c1 对象了。

(3) 对象指针数组就是一个专门存放指定类的多个对象的首地址的指针素组，比方说：

```
Complex *p1[10];
```

就是一个可以存放十个 Complex 类的对象的首地址的 Complex 类对象指针数组，它们分别存在 p[0]～p[9]当中。

而对象数组指针指的是指向指定长度的对象数组的指针，比方说：

```
Complex (*p2)[10];
```

表明这是一个指向长度为 10 的 Complex 类的对象数组的指针，也可以代表指向一个有 10 列的 Complex 类的二维对象数组的某一行的对象数组指针。

感觉到是不是跟 C 语言的同类函数用法如出一辙？所以这里就不再赘述了。

接下来讲讲拷贝构造函数和浅拷贝深拷贝吧。

5.12 拷贝构造函数

对于普通类型的变量来说，它们之间的复制是很简单的，比方说：

```
int a = 88;
int b = a;
```

就可以愉快的完成值复制的过程。

但是类对象就和它不一样了，类对象内部结构一般较为复杂，存在各种类型的成员变量。

举个例子如下：

```
#include <iostream>
using namespace std;
class A
{
public:
    A(int a)
    {
        this->a = a;
    }
    void show()
    {
        cout << a << endl;
    }
private:
    int a;
};
int main(void)
{
    A a1(100);
    A a2;
    a2 = a1;
    a2.show();
    return 0;
}
```

这里输出的结果是 100，从运行结果可以看出，系统为对象 a2 分配了内存并完成了与对象 a1 的复制过程。就类对象而言，相同类型的类对象是通过拷贝构造函数来完成整个复制过程的，而这个拷贝构造函数就是长这样的：(代码中加粗斜体部分)

```
#include <iostream>
using namespace std;
class A
{
```

```
public:
      A(int a)
      {
            this->a = a;
      }
      void show()
      {
            cout << a << endl;
      }
      A(const A& a1)
      {
            a = a1.a;
      }
private:
      int a;
};

int main(void)
{
      A a1(100);
      A a2;
      a2 = a1;
      a2.show();
      return 0;
}
```

A(const A & a1)就是我们自定义的拷贝构造函数，可以看出拷贝构造函数是一种特殊的构造函数，函数的名称必须和类名称一致，它的唯一的一个参数是本类型的一个引用变量，该参数是 const 类型，是只读而不可变的。

例如类 X 的拷贝构造函数的形式为 X(X& x)，其中这个对象名 x 可以自定义。

当用一个已初始化过了的自定义类类型对象去初始化另一个新构造的对象的时候，拷贝构造函数就会被自动调用。也就是说当类的对象需要拷贝时，拷贝构造函数将会被调用。

如果像我们第一个例子那样并没有自定义拷贝构造函数的话，那么编译器会自动生成一个拷贝构造函数，它的功能就是进行默认的位拷贝，也称浅拷贝。这样的话，麻烦就来了……

为什么这么说咧？因为浅拷贝是一种简单的值复制，即把当前对象的所有值默认赋值给新对象。但这样有一个问题，就是字符串这种存在于文字常量区的常量，编译器会默认把新对象的该成员直接指向这个字符串的地址而不是为其开辟新空间然后进行字符串复制，这样麻烦就来了：因为那个字符串是属于被复制的对象的，一旦这个对象被销毁了，那么这个字符串就不存在了。也就是说通过复制得到赋值的这个对象无法访问这个字符串的地址了……比方说：

```
#include <iostream>
#include <string>
using namespace std;
class A
{
public:
    A(char *n)
    {
        strcpy(c, n);
    }
    void show()
    {
        cout << c << endl;
}
private:
    char c[10];
};

int main(void)
{
    A a1("hello");
    A a2;
    a2 = a1;
```

```
    a2.show();
    return 0;
}
```

这个例子中虽然输出了“hello”，但是如果在输出前销毁掉 a1，那么 a2 输出的将会是一些乱码。因为“hello”字符串的空间被释放了，而因为这里进行的拷贝构造函数是编译器默认的浅拷贝，并没有为 a2 的字符串赋值，只是将其指向了 a1 的字符串地址，所以此时将会输出乱码。

为了解决这个问题，自己动手自定义拷贝构造函数就成了一个好习惯。改成这样就没问题了：

```
#include <iostream>
#include <string>
using namespace std;
class A
{
public:
    A(){}
    A(char *n)
    {
        strcpy(c, n);
    }
    A(const A& a1)
    {
        char *str = new char[10];
        if(str!=NULL)
        {
            strcpy(str, a1.c);
        }
    }
    void show()
    {
        cout << c << endl;
}
private:
```

```
        char c[10];
};

int main(void)
{
        A a1("hello");
        A a2;
        a2 = a1;
        a2.show();
        return 0;
}
```

我们自己定义了拷贝构造函数，在进行拷贝时会使用 new 关键字向系统申请空间并复制字符串，也就是说 a2 有了自己的字符串常量。这回再销毁 a1 也不会输出乱码了。这种复制了所有资源的拷贝叫做深拷贝，而编译器默认那种并不会复制所有资源而是将资源共用的叫做为拷贝或浅拷贝。

深拷贝和浅拷贝的定义可以简单理解成：如果一个类拥有资源(堆，或者是其他系统资源)，当这个类的对象发生复制过程的时候，这个过程就可以叫做深拷贝；反之对象存在资源，但复制过程并未复制资源的情况视为浅拷贝。

这里的 new 关键字我们可能比较陌生，没关系，接下来我们就要介绍了。

5.13 new、delete 关键字

到了面向对象编程中，对于非内部数据类型的对象而言，如果仅仅使用 malloc/free 函数已经无法满足动态对象的要求。对象在创建的同时要自动执行构造函数，对象在消亡之前要自动执行析构函数，由于 malloc/free 是库函数而不是运算符，因而不在编译器控制权限之内，所以不能够把执行构造函数和析构函数的任务强加于 malloc/free 函数。

因此 C++中出现了两个新关键字：new 和 delete，它们在使用上比 malloc/free 更加方便了。

这是在 4.10 节用过的一个例子，如果把它变成 new 和 delete 写法的话：

```
// Code...
char *ptr = NULL; //定义一个字符串指针
```

```
ptr = new char[100]; /*使用 new 关键字申请 100 个字符型变量的空间并将 ptr
指针指向其首地址*/
if (NULL == ptr)        //如果空间申请失败
{
    return 1;    //返回值非 0，告诉系统程序是非正常退出
}
gets(ptr);          //如果申请成功就使用其进行字符串输入
// code...
delete ptr;         //释放 ptr 指针所指向的空间
ptr = NULL;         //将 ptr 指向修改为空
// code.
```

看起来变化不大，不过其中 new 关键字申请空间时的写法是：

```
ptr = new char[100];
```

不再需要 sizeof()关键字，写法上明显简单了许多。

这里稍微总结了下 new/delete 的用法：

1．new 用法

(1) 开辟单变量地址空间。

new int；开辟一个存放数组的存储空间，返回一个指向该存储空间的地址；

int *a = new int 将一个 int 类型的地址赋值给整型指针 a；

int *a = new int(5) 作用同上，但是同时将整数赋值为 5。

(2) 开辟数组空间。

一维：int *a = new int[100]；开辟一个大小为 100 的整型数组空间；

二维：int **a = new int[5][6]

一般用法：ew 类型 [初值]

2．delete 用法

(1) int *a = new int；

delete a；　//释放单个 int 的空间

(2) int *a = new int[5]

delete [] a；//释放 int 数组空间

由此可见，和访问 malloc()函数申请的空间一样，如果要访问 new 所开辟的结构体空间，无法直接通过变量名进行，只能通过赋值的指针进行访问。

可以看出，new 关键字除了不再需要 sizeof()关键字，还不需要再进行类型强制转换，可以说 new/delete 是 malloc()/free()的延伸。

在申请类的对象的空间时，两种方法的差距一下子就显示出来了：

```
class Obj
{
public :
        Obj(void)
        {
                cout << "Initialization" << endl;
        }//构造函数
        ~Obj(void)
        {
                cout << "Destroy" << endl;
        }//析构函数
        void Initialize(void)
        {
                cout << "Initialization" << endl;
        }
        void Destroy(void)
        {
                cout << "Destroy" << endl;
        }
};
void UseMallocFree(void)//使用 malloc/free 的方法
{
        Obj    *a = (obj *)malloc(sizeof(obj));           // 申请动态内存
        a->Initialize();                                  // 初始化
        //...
        a->Destroy();      // 清除工作
        free(a);           // 释放内存
}
void UseNewDelete(void)//使用 new/delete 的方法
```

```
{
    Obj  *a = new Obj;  // 申请动态内存并且初始化
    //…
    delete a;           // 清除并且释放内存
}
```

很明显的可以看出：使用 malloc/free 申请的对象无法调用构造函数和析构函数，需要在类中写好和构造函数、析构函数功能一样的成员函数并手动调用才能实现构造函数和析构函数的实现内容；而 new/delete 关键字申请的对象可以自动调用构造函数和析构函数，无需手动实现。

哎，你可能会问：既然 new/delete 的功能完全覆盖 malloc/free 了，为什么 C++ 不把 malloc/free 淘汰出局呢？

这是因为 C++ 程序经常要调用 C 函数，而 C 程序只能用 malloc/free 管理动态内存。

同时，如果用 free 释放 new 创建的动态对象，那么该对象因无法执行析构函数而可能导致程序出错；如果用 delete 释放 malloc 申请的动态内存，理论上讲程序不会出错，但是该程序的可读性很差，所以 new/delete 必须配对使用，就和 malloc/free 一样。

5.14 继承

嘿嘿，先祝贺下自己吧。

面向对象的四个主要特点：抽象、封装、继承和多态性，我们已经讲完了抽象和封装，并且知道了类和对象，已经可以进行初级的面向对象编程了～

不过想真正掌握使用面向对象思想的编程语言，那么继承和多态是一定要掌握的。

继承，是面向对象变成最重要的特征。可以说如果没有掌握继承就等于没有掌握类和对象的精华，就没有掌握面向对象编程的真谛。所以这节我们来好好讲讲继承。

继承嘛，从人类的角度来说，顾名思义，就是从长辈亲人那获得的东西。比方说你把这本书给你儿子了，对你儿子而言算是继承嘛。

在面向对象编程里的继承也差不多是这么个意思，在面向过程编程中，人们往往要为了不同软件写相同或相似的代码，因为面向过程编程在代码的可重用性上较差。比方说 C 语言吧，在它的语言机制里除了函数和结构体等为数不多的几种数据类型可以重用，大多数代码是没有可重用性的……这就使得苦逼程序员们的很多时间花在不同的模块上重写相同的代码。代码的高度可重用性也成了大家一直渴望的事情。

面向对象技术就强调了代码的可重用性，C++语言提供了类的继承机制就是为了解决代码重用问题。

在 C++中，继承就是在一个已存在的类的基础上再建立一个新的类，已存在的类叫“基类”或“父类”；新建的类称为“派生类”或“子类”。所以类的继承也叫类的派生，大家是习惯叫父类和子类的。

先来看个例子再接着讲吧，总这么干巴巴的讲我自己都觉得没意思。

```
#include <iostream>
#include <string>
using namespace std;
class Fruit//定义一 Fruit 类
{
public:
    void f1()
    {
        cout<<"这是一种水果～"<<endl;
    }
protected://如果定义为私有子类将不能访问
    char color[10];
    double weight;
};
class Apple : public Fruit//定义 Apple 类，它继承了 Fruit 类
{
public:
    Apple(char *name，char *color，double weight)//构造函数
    {
        strcpy(this->name，name);
        strcpy(this->color，color);
        this->weight = weight;
    }
```

```
        void f2()
        {
            cout<<"这是一种苹果 名字是 "<<name<<" 颜色是 "<<color<<" 色
        并且重量为 "<<weight<<"g"<<endl;
        }
    private:
        char name[10];
    };

    int main(void)
    {
        Apple apple1("红富士", "红", 102.2);
        apple1.f1();
        apple1.f2();
        return 0;
    }
```

先看看运行结果吧：

```
这是一种水果~
这是一种苹果 名字是 红富士 颜色是 红 色并且重量为 102.2g
Press any key to continue...
```

然后我们来慢慢看这段代码。

在这里，因为又用到了字符串数组，所以再次引入了 string 类，并且默认使用 std 命名空间。首先我们先定义了一个 Fruit 类，它的成员变量都是 protected 权限，即只有该类和其子类的对象可以访问这些变量。重点是这一句：

```
class Apple : public Fruit
```

这句话表明了 Apple 类继承了 Fruit 类，即 Apple 类是 Fruit 类的子类。

子类的定义格式就是这样：

```
class 子类名 : 访问控制 父类名
```

其中这个访问控制有点来头，它表明了子类是以怎样的权限继承的父类成员。如果像例子里这样：

```
class Apple : public Fruit
```

以公有权限继承，那么父类中的所有成员在子类中的权限不变，即子类可以访问或调用父类所有公有和受保护权限的成员，并继承了其私有成员但无权访问。

如果改成了：

class Apple : protected Fruit

即以受保护权限继承父类成员，那么父类中的原公有成员在子类中只能以受保护权限调用，即除该父类的子类以外所有函数都无法调用或访问它。父类中受保护的成员和私有成员权限不变，受保护的成员依然只有该父类子类可以访问或调用，私有成员子类只能继承却不能访问。

如果再改成了：

class Apple : private Fruit

即以私有权限继承父类成员，这个就“杯具”了。原来父类中的公有和受保护权限的成员在子类中全部是私有的，即只有子类自己可以访问和调用自己的成员变量和函数，然后父类中私有的成员依然万年不变的只能继承不可访问。总结如表 5-2 所示。

表 5-2　基类中成员的访问属性

基类中的成员	在公用派生类中的访问属性	在私有派生类中的访问属性	在保护派生类中的访问属性
私有成员	不可访问	不可访问	不可访问
公用成员	公用	私有	保护
保护成员	保护	私有	保护

从表中可以看出这种继承是没有选择性的，子类会默认继承父类中除了构造函数和析构函数以外的所有成员变量和成员函数指针。但是父类的私有成员变量子类只是知道有这么个东西，但无法访问。就好像你儿子只知道你手里有这么一本书却不知道其中的内容一样，因为它的所属是你～

类中也是一样，父类和子类毕竟也已经不是同一个类了，所以父类的私有成员变量子类只能继承却无法访问。所以一个经常要被继承的父类中如果有很多的私有成员在继承时会给子类增添很多不必要的内容，所以父类一般只有最基本功能。如图 5-8 所示。

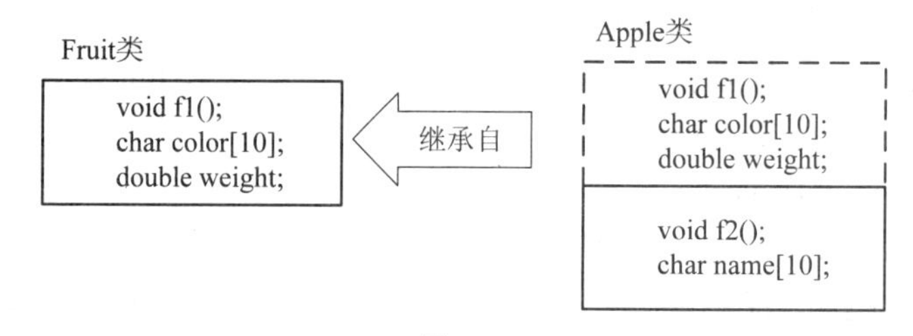

图 5-8

继承是完整、无条件的，即使是自己不能用的也会继承。

说完了这个我们继续往下看代码：

```
class Apple : public Fruit//定义 Apple 类 它继承了 Fruit 类
{
public:
    Apple(char *name，char *color，double weight)//有参数构造函数
    {
        strcpy(this->name，name);
        strcpy(this->color，color);
        this->weight = weight;
    }
    void f2()
    {
        cout<<"这是一种苹果，名字是 "<<name<<" 颜色是 "<<color<<" 色
    并且重量为 "<<weight<<"g"<<endl;
}
private:
    char name[10];
};
```

这是 Apple 类的代码，前面说过，子类不会继承父类的构造函数和析构函数，所以在这里 Apple 类有自己的构造函数，加上从 Fruit 父类以公有权限继承后获得的成员，其实 Apple 类中应该还有：

```
char color[10];
double weight;
```

这两个受保护权限的成员变量和一个

```
void f1()
{
    cout<<"这是一种水果～"<<endl;
}
```

公有权限的成员函数的函数指针。

所以构造函数中可以使用 name 和 weight 两个成员变量。

这一点在后面的输出中得到了印证。在 main 函数中我们构建了一个 Apple 类的对象叫 apple1，并对其进行初始化：

```
Apple apple1("红富士"，"红"，102.2)；
```

然后我们分别调用了 apple1 对象的 f1()、f2()函数，输出结果证明 Apple 类的对象 apple1 拥有 Apple 类从 Fruit 类继承来的成员，并且可以访问和调用其中权限为公有和受保护的成员。

再把这段代码做个小小的改动：把子类中的成员函数 f2()改成 f1()与父类的成员函数同名、同类型、同格式，试试看会发生什么？

```
#include <iostream>
#include <string>
using namespace std;
class Fruit
{
public:
    void f1()
    {
        cout<<"这是一种水果～"<<endl;
    }
protected:
    char color[10];
    double weight;
};

class Apple : public Fruit
{
public:
    Apple(char *name，char *color，double weight)
    {
        strcpy(this->name，name);
        strcpy(this->color，color);
        this->weight = weight;
    }
    void f1()//与父类中的成员函数名字、函数类型以及参数列表都一样
```

```
    {
        cout<<"这是一种苹果 名字是 "<<name<<" 颜色是 "<<color<<" 色
    并且重量为 "<<weight<<"g"<<endl；
    }
private:
    char name[10]；
}；
int main(void)
{
    Apple apple1("红富士"，"红"，102.2)；
    apple1.f1()；
    return 0；
}
```

运行结果是：

```
这是一种苹果 名字是 红富士 颜色是 红 色并且重量为 102.2g
Press any key to continue...
```

哟，还是可以正常出结果的嘛。

也就是说父类的 f1()函数在子类中被改写并覆盖了。说明在继承时，C++允许子类重写父类的成员函数，同时也允许保留父类成员函数，然后写它的重载。比方说，如果父类里有一个

```
int max(int a，int b)；
```

那么可以在子类中重载一个

```
int max(int a，int b，int c)
```

这样的话当要使用两个参数的 max 时子类会调用继承来的 max 函数，如果需要使用三个参数的，子类就会调用自己重载的 max 函数。如果忘了什么是重载要赶紧翻回去看看。

还有一种情况是父类中已经有一个现成的构造函数可以对其成员变量进行初始化，然后子类中也打算构造函数而且要初始化的成员变量包括从父类继承来的变量，那么这个构造函数就有两种写法。

先举例定义一个父类 Fruit：

```
class Fruit
{
```

```
public:
    Fruit(char *color，double weight)
    {
        this->weight = weight;
        strcpy(this->color，color);
    }
protected:
    char color[10];
    double weight;
};
```

这里构造函数可以将 color 和 weight 初始化。

然后我们再定义子类 Apple：

```
class Apple : public Fruit
{
public:
    Apple(char *name，char *color，double weight)
    {
        strcpy(this->name，name);
        strcpy(this->color，color);
        this->weight = weight;
}
private:
    char name[10];
};
```

它的构造函数想初始化它自己的 name 和从父类继承来的 color 及 weight 变量，这时候就有两种写法。

第一种就是现在写的这种，直接在子类的构造函数中初始化父类的成员变量。这种比较适合代码较短或能够自己编写构造函数的情况，想象一下，如果父类的构造函数很长或者你用的是别人封装好的类，你还有心情或机会把它们全重写一遍吗(= =)这个时候就有了下面第二种子类的构造函数写法：

```
Apple(char *name，char *color，double weight : Fruit(color，weight) )
{
```

```
    strcpy(this->name，name);
}
```

这样子的话在执行子类的构造函数的时候会连带调用父类构造函数，然后子类的构造函数中就不需要再写父类的成员变量的初始化的实现代码。形式为

派生类构造函数名(总参数表列): 基类构造函数名(参数表列)

{派生类中新增数据成员初始化语句}

如果记不住的话用我那种完全重写构造函数也可以，但是绝大多数的 C++ 代码的构造函数定义方法是遵从第二种形式的，所以为了能够更好地理解他人的代码，学会第二种写法也很重要哦。

还有值得注意的是，我们这里讲的都是 C++中的“单继承”，即子类只从一个父类继承数据。然而 C++中还有“多继承”机制，顾名思义，即一个子类可以从多个父类继承数据。这种“多个爸爸”的情况有一点点复杂，这里我们就简单介绍下吧。

首先，多重继承的语法很简单，我们做单继承的时候声明语法是类似这样的：

```
class Apple : public Fruit
```

假如现在多一个 Food 类，这个 Apple 类既要从 Food 类继承，又要从 Fruit 类继承，那么写成这样就好：

```
class Apple : public Fruit，public Food
```

即在原继承父类名后添加一个父类名，彼此通过逗号隔开，多个父类以此类推。

而且多重继承和单继承一样，也是无条件继承，子类会不计权限地继承到所有父类的一切成员变量和除构造函数、析构函数以外的所有成员函数的函数指针，如图 5-9 所示。

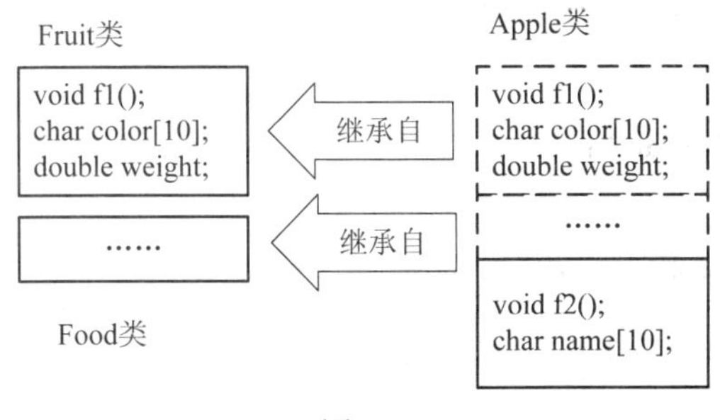

图 5-9

多重继承也是完整、无条件件的，即使是自己不能用的也会继承。

在多重继承里值得注意的是重名成员函数的二义性问题，我们举个最简单粗暴的例子：

```
#include  <iostream>
using namespace std;
class Person
{
public:
    void show()//Person 类的 show 成员函数
    {
        cout  <<  "Person:: show()"  <<  endl;
    }
};
class Male
{
public:
    void show()//Male 类的 show 成员函数
    {
        cout  <<  "Male:: show()"  <<  endl;
    }
};
class Teacher :public Person, public Male
{};
int main(void)
{
    Teacher Mr_Li;

    Mr_Li.show(); //这个 show()是谁的呢

    return 0;
```

```
}
```

这段代码是无法通过编译的，因为出现了我们刚才所说的重名成员函数的二义性问题。

来看看代码，首先我们声明了一个 Person 类，它有一个 show()成员函数。然后我们又声明了一个 Male 类，有一个 show()成员函数。最后我们声明了一个叫 Teacher 的类，它继承了 Male 类和 Person 类，其本身没有成员。

之后我们定义了一个叫 Mr_Li 的 Teacher 类的对象，并且调用了它的 show()成员函数。

OK，出问题了。

我们分别继承了 Person 类的 show()成员函数和 Male 类的 show()成员函数，现在调用的应该是哪个 show()成员函数呢？

为了解决这种问题，我们再次要用到“::”这个作用域运算符。

所以要写成这样：对象名 . 父类名 :: 函数名

也就是说，如果我们想调用的是 Person 类的 show()成员函数，就应该写成这样：

```
Mr_Li.Person :: show();
```

同理，要是想调用的是 Male 类的 show()成员函数，则应该写成这样：

```
Mr_Li.Male :: show();
```

因此修改完的代码如下：

```
#include   <iostream>
using namespace std;
class Person
{
public:
    void show()//Person 类的 show 成员函数
    {
        cout   <<   "Person:: show()"   <<   endl;
    }
};
class Male
{
```

```
public:
    void show()//Male 类的 show 成员函数
    {
        cout  <<  "Male:: show()"  <<  endl;
    }
};
class Teacher :public Person, public Male
{};
int main(void)
{
    Teacher Mr_Li;

    Mr_Li.Male :: show();
    Mr_Li.Person :: show();

    return 0;
}
```

运行结果是：

```
Male:: show()
Person:: show()
Press any key to continue...
```

这样子，我们就完美地解决了重名成员函数的二义性问题。

关于继承的内容就讲到这了，接下来是传说中的多态～

5.15 多态性与虚函数

多态性是面向对象编程语言的重要特征。其实多态性这个东西分两种，有一种我们已经在不知不觉中讲完了。

(1) 编译时多态性：通过函数重载和运算符重载来实现的。

这个我们已经搞定啦。😁

(2) 运行时多态性：通过继承和虚函数来实现的。

这个就是接下来我们需要讲的，产生这种多态性需要四个前提：

① 父类有虚函数。

② 子类的虚函数必须和父类的虚函数声明一致(包括参数类型 返回值类)。

③ 只有类的成员函数才可以写成虚函数，一般函数不行；静态成员函数不受制于某个对象，不能声明成虚函数；内置函数不能在运行中动态确定，构造函数因为负责构造对象，所以也不能是虚函数；而析构函数一般是虚函数。

④ 需要有指针或者引用才能实现多态。

这里反复讲到虚函数这个东西，所以在讲多态前需要先讲虚函数。

所谓的虚函数是在父类中被声明为 virtual 型并在子类中被重新定义的成员函数，可实现成员函数的动态绑定。类似这样：

```
virtual void function()
```

而纯虚函数当选是在父类中声明的一种特殊虚函数，它在基类中没有定义，但要求所有子类都要定义自己的实现方法。(也就是说虚函数，子类可以不重写直接继承父类的实现方法来使用，也可以重写；但是纯虚函数是子类且必须重写了才可以使用的，因为虚函数在父类中没有写实现方法。)在基类中实现纯虚函数的方法是在函数原型后加“=0”，类似这样：

```
virtual void function() = 0
```

包含纯虚函数的类称为抽象类，由于在抽象类包含了没有定义的纯虚函数，所以不能定义抽象类的对象。说白了，抽象类是专门用来被继承的，我们前面也说过，继承的一大特点就是它是没有选择性的，子类会继承父类中除了构造函数和析构函数以外的所有成员。而子类本身却又没有访问父类私有成员的权限，所以就造成了继承来还用不了的尴尬。而抽象类就是为了避免这种尴尬和资源浪费而产生的。

举个例子：

```
#include <iostream>
using namcspacc std;
class A//基类 A
{
public:
    void foo()
    {
        cout << "A::void foo" << endl;
    }
```

```
    virtual void fmk() //虚函数
    {
        cout << "A::void fmk" << endl;
    }
};
class B : public A          //公有权限继承
{
public:
    void foo()              //重写 foo 函数
    {
        cout << "B::void foo" << endl;
    }
    void fmk()              //重写 fmk 函数
    {
        cout << "B::void fmk" << endl;
    }
};
int main(void)
{
    A a;                    //创建一个 A 类对象 a
    B b;                    //创建一个 B 类对象 b
    A *p;                   //定义一个 A 类对象指针 p
    p = &a;                 //p 指向 a 对象的首地址
    (*p).foo();
    (*p).fmk();
    p = &b;                 //p 指向 b 对象首地址
    (*p).foo();
    (*p).fmk();
    return 0;
}
```

运行结果是这样的：

```
A::void foo
A::void fmk
A::void foo
B::void fmk
Press any key to continue...
```

第一个(*p).foo()和(*p).fmk()都很好理解，本身是父类 A 类的指针，指向的又是 A 类的对象，所以调用的都是父类本身的函数。

而第二个(*p).foo()和(*p).fmk()则是父类指针指向子类对象，正式体现了多态的用法。

执行(*p).foo()时由于指针是个父类的指针，指向是一个父类的成员函数，因此此时指向的就只能是父类的 foo()函数的代码了。

同样，第二次执行(*p).fmk()时，p 指针是父类指针，指向的 fmk 是一个虚函数。由于每个虚函数都有一个虚函数列表，此时 p 调用 fmk()并不是直接调用函数，而是通过虚函数列表找到相应的函数的地址，因此根据指向的对象不同，函数地址也将不同。这里将找到对应的子类 B 类的 fmk()函数的地址，即实现多态。

哎呀，虚函数列表是什么？它为什么可以实现多态咧？

好吧，我知道大家对这个会有疑问，所以我们这里要展开说明一下。

前面我们说过对于同类的对象，它们共享成员函数的实现代码，每个对象在其内存中拥有的只是一个指向该成员函数实现代码的函数指针，类似这样(见图 5-10)：

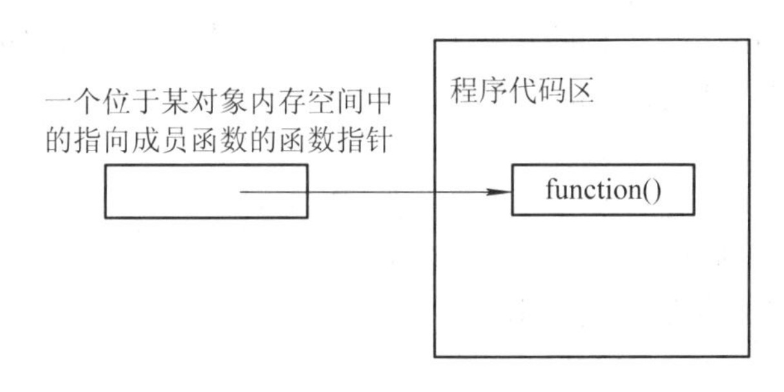

图 5-10

这种指向关系在编译后就是确定的了，因此一般称其为“静态绑定”，也称“早绑定”。

而对于虚函数而言，它的函数指针指向的并不是函数实现代码，而是一张虚函数列表。这张虚函数列表中有着指向该虚函数在子类中的一个或多个重写函数的函数指针，类似这样(见图 5-11)：

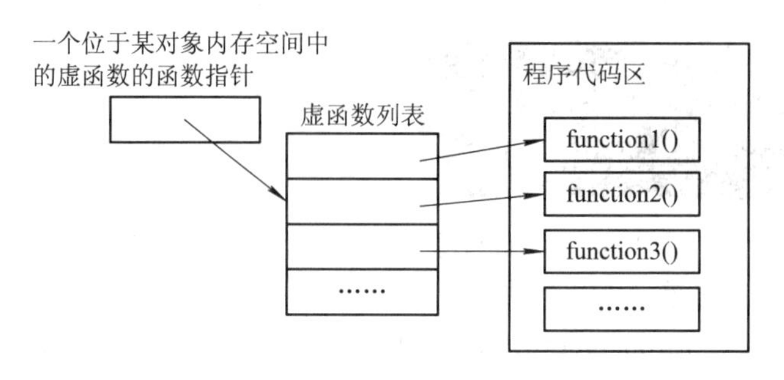

图 5-11

而这个函数指针的最终指向根据运行时虚函数列表中的最佳选择决定，即可能会指向虚函数列表中的任何一个函数。这种在运行时才决定的指向关系叫“动态绑定”，也叫“晚绑定”，这就是我们运行时多态的实现原理。

也就是说父类指针在执行函数语句时如果该函数不是虚函数，那么无论该指针指向的是父类对象还是子类对象都会直接调用父类的函数实现方法；而如果这个函数是虚函数，就会出现动态绑定的现象：如果它指向的子类有重写该函数，那么将会调用子类所对应的函数实现；如果子类没有重写，将会依然执行父类函数实现。这种动态绑定就是所谓的运行时多态性。

那么多态的作用是什么咧？封装可以使得代码模块化，继承可以扩展已存在的代码，它们目的都是为了代码重用。而多态的目的则是为了接口重用，也就是说无论传递过来的究竟是哪个类的对象，函数都能够通过同一个接口调用到适应各自对象的实现方法。

最常见的用法就是上面例子这种定义父类的指针，利用该指针指向任意一个子类对象，调用相应的虚函数，可以根据指向的子类的不同而实现调用不同的函数。

如果没有使用虚函数的话，即没有利用 C++多态性。则利用基类指针调用相应的函数的时候，将总被限制在父类函数本身，而无法调用到子类中被重写过的函数。因为没有多态性，函数调用的地址将是固定的，而固定的地址将始终调用到同一个函数，这就无法实现一个接口、多种方法的目的了。

5.16 关于 C++，你接下来可能需要学习的内容

C++讲到这里，面向对象的 4 个主要特点：抽象、封装、继承和多态性便已经全部简单介绍完了，但这并不意味着你已经学完了 C++。

C++是一门庞大而复杂的语言，在这章对 C++做讲解和总结时，我们实际省略了很多较小或较不常用的概念，比方说异常的抛出和获取、模板以及 C++11 和 C++14 标准新增的部分概念。这些内容要么可能晦涩难懂，要么可能实用性低。但并不意味着它们没意义不重要，只不过是因为就像我们刚才所说的，C++是门过于庞大的语言，我们其实只使用了其中一个比较简单的子集。所以如果大家对 C++有兴趣，希望在入门后进一步学习和进阶 C++，那么下面这些内容可能就是你需要继续学习的内容。

1．模板

C++的模板其实是一个很强大的特性，它进一步增加了同功能代码的复用，减少了大量无用的重复。

比方说我们在 5.6 节函数重载那里举的那个例子：

```
int max(int num1，int num2，int num3)
//定义求 3 个整数中的最大者的函数
{
    if(num1 > num2)
    {
        return (num1 > num3 ? num1 : num3);
    }
    else
    {
        return (num2 > num3 ? num2 : num3);
    }
}
double max(double num1，double num2，double num3)
//定义求 3 个双精度数中的最大者的函数
{
    if(num1 > num2)
    {
        return (num1 > num3 ? num1 : num3);
    }
    else
    {
```

```
            return (num2 > num3 ? num2 : num3);
        }
    }
    float max(float num1, float num2, float num3)
    //定义求 3 个单精度中的最大者的函数
    {
        if(num1 > num2)
        {
            return (num1 > num3 ? num1 : num3);
        }
        else
        {
            return (num2 > num3 ? num2 : num3);
        }
    }
```

其实虽然使用了重载能够帮助你解决函数命名问题，但依然没能摆脱将同功能代码重写了 3 回的尴尬局面。但是如果使用模板的话，就可以轻松的写成这样：

```
template <typename T>
T max(T num1, T num2, T num3)
{
    if(num1 > num2)
    {
        return (num1 > num3 ? num1 : num3);
    }
    else
    {
        return (num2 > num3 ? num2 : num3);
    }
}
```

就可以代替上面三个函数的功能。

模板没有规定确定的数据类型，而是根据输入的数据类型将 T 替换成相应数据类型关键字。这有点像宏替换，但所作的又不仅仅是替换，还会对代码根据情况作出一些调整和优化。当然，这其中就不排除会出现负优化。大家感兴趣可以查看带有模板的代码文件被预处理之后的状态，或许模板位置的代码会让你大跌眼镜。

模板不仅可以用于函数，更可以用于类。这里只是给大家做个引子，就不详细介绍了哈。

对于模板部分，如果想专门学习建议可以尝试阅读《C++ template》(作者：David Vanderoorde/Nicdai M.Josuttis，人民邮电出版社)一书。虽然有点旧，但绝对是专门讲解模板的好书。

2．STL

STL 是一个库，它包含了多种数据结构，称为容器，而将方便容器被算法运算的操作集合称为迭代器。容器包含了可以替代数组的 vector、表示链表的 list、用于队列的 deque 等，它们无一不使用了模板的编程思想。而 STL 的存在意义则是简化了程序员对数据结构的定义，直接可以使用现成的且效率尚可的封装好的数据结构。对于 STL 外界褒贬不一，不过可以肯定的是，它已存在了很久，而且历久弥新，是多数 C++ 程序设计者的选择。

对于 STL，如果想专门学习，推荐的书籍是《泛型编程与 STL》(作者：Matthew H.Austem，中国电力出版社)。这本书也比较早了，但书中大部分内容还是十分受用且有借鉴意义的。

3．C++并发(C++ 11 后新增)

在 C++11 标准面市之前，C++自身没有支持并发特性，都是依赖于类似 muduo 一类的框架实现的“伪并发”功能。在 C++11 标准中，新增了对并发的支持，拥有了专门的库和对象可以使用。

所谓并发，意思是多个任务在宏观上的同时进行。所谓宏观，是因为在微观上，它们还是同一时刻只有一个任务在真正运行。如果微观上也是同时执行的情况称作“并行”，目前尚无此类特性。举例来描述并发的话，就是一个保姆给多个孩子喂食，同一时刻她(cpu)只能对一个孩子(任务)喂食(运算)，但宏观上看起来，每个孩子都在同一时刻吃饭。这，就是并发。

对于并发的话，单独学习的书籍推荐是《C++并发实战》(作者：Anthony Williams，人民邮电出版社)，如果有足够能力，建议看原版，中译版翻译一般。

除了这些内容，你还可能需要关注的内容有虚基类、异常等。当然，这些就比较零散了，《C++ primer》(作者：[美]Stanley B.Lippman，Josée Lajoie，

Barbara E.Moo，人民邮电出版社)可能是不错的选择(这本书无论学习 C++哪部分内容，都是不错的入门之选。)

《C 专家编程》(作者：Peter Van Der Linden，人民邮电出版社)一书中曾经对当时的 C++ 功能做了一个分类，其中它建议尽量使用的功能有类、构造函数和析构函数、重载(函数/运算符)、单重继承和多态性；建议尽量避免使用的功能有模板、异常、虚基类、多重继承。当然随着时间的推移，C++相较于当时更加庞大和趋于完善，这些建议并不是依然完全受用。唯一的验证标准只有你亲自去尝试，并最终决定你自己的原则。

对于 C++，外界一直有着两种说法。一种是 C++虽然复杂并且难懂，但它却是唯一成功改造了 C 的方案。而且它有着自己的优势，是趋于完善的万能“瑞士军刀”。另一种则是认为 C++是一次失败的尝试，尤其随着 C++11 和 C++14 标准的推出，将 C++变成了一个臃肿且无用的“胖子”，连微软都推出了 C#和 objective-c 来试图替代 C++。

对于这两种观点，个人觉得无需辩解。存在即合理，每门语言都有自己的特性和优缺点，没有必要抓着它的优点不放或提着它的缺点评头论足。适合自己的，就是最好的。每个人的性格以及习惯的不同，使得大家有着各自的喜好，这无可厚非。你需要做的，只是无视这些观点，躬亲尝试，然后抉择自己的取舍，这也是编程的乐趣之一吧。

至此，C++内容就讲完啦，全书也将告一段落。

完结撒花。

附录 C语言结构型变量的内存对齐问题

在讲内存对齐前得先回顾一个小知识点，就是字节和比特(bit)的大小概念。

前面讲过在32位系统环境下，变量占用内存情况如下：

char类型变量占用内存大小是1字节；

short类型变量占用内存大小是2字节；

int 类型变量占用内存大小是4字节；

long 类型变量占用内存大小也是4字节；

float类型变量占用内存大小依然是4字节；

double类型变量占用内存大小是8字节。

而1字节在32位系统环境下是8 bit，即

char类型变量占用内存大小是8 bit；

short类型变量占用内存大小是16 bit；

int 类型变量占用内存大小是32 bit；

long 类型变量占用内存大小也是32 bit；

float类型变量占用内存大小依然是32 bit；

double类型变量占用内存大小是64 bit。

好了，科普完毕。好奇我为啥在这又强行科普？嘿嘿，等下就知道了。😁

进入正题，先从最基础的结构体内存对齐问题讲起，结构体对齐可以总结为三个基本原则：

1. 数据成员对齐规则

结构体的数据成员中，第一个成员从offset为0的地址开始，以后每一个成员存储的起始位置为第一个数据成员大小的整数倍。

比方说第一个数据成员是int类型的，那么它就占用了4字节内存，而之后的数据成员占用的内存大小就都要是4字节的整数倍。

2. 结构体作为成员

如果一个结构体a作为另一个结构体b的数据成员，则在结构体b中结构体a要从a内部成员中占用内存最大的成员占用字节数的整数倍地址开始存储。

比方说结构体a是结构体b的数据成员，a里占用内存最大成员变量是

double 型的，占 8 字节，那么 a 在 b 中的起始位置就要定在即满足是 8 的倍数且不会覆盖 b 中已存在成员变量所占内存地址的数量级最小的地址位置。

3. 结构体的总大小计算

结构体的总大小为该结构体内部最大基本类型的整数倍，不足的要补齐而不是简单的所有成员的大小总和。

好吧，我知道如果我就这么干巴巴的讲的话你已经忍不住要“吐槽”了。

来，我们举例子(下面所有例子都是基于 32 位系统环境的，就不再重复声明了)。

```
struct
{
    int test1;
    int test2;
} A;
```

你觉得 sizeof(A)的结果会是多少啊？

答案是 8。

这个很容易理解喽，首先结构体中的第一个数据成员是 int 类型，占用内存大小为 4 字节；后面所有数据成员占用内存大小就都要是 4 字节的整数倍，而剩下的那个数据成员也是 int 类型，也占 4 字节，所以一共占 8 个字节。

其在内存中占用情况如下(1 代表 test1 占用的内存位置，2 代表 test2 占用的内存位置，单位为字节。)

```
test1
1111
test2
2222
```

接下来再加深下难度，你看下面变量应该是占用了多少字节内存啊？

```
struct
{
    int test1;
    short test2;
}A;
```

这回 sizeof(A)结果应该是多少咧？

答案还是 8。

首先结构体中的第一个数据成员是 int 类型，占用内存大小为 4 字节，后面所有数据成员占用内存大小就都要是 4 字节的整数倍；而剩下的那个数据成员是 short 类型，占 2 字节，但因为要求占用内存大小为 4 的整数倍，所以真实划分给了它 4 字节，其中 2 字节用于补齐，所以一共占 8 个字节。

然后问题就来了：既然 short 只能占用 2 字节，那多分配用于补齐的 2 字节怎么用？

嗯，没法用，因为不会有变量去访问和修改那 2 字节的空间。它们就和其名字一样，只会用于“补齐”，就好像中学数学题中为了取固定位有效数字而补上去的 0 一样，是没用的内容。

它们在内存中占用情况如下(1 代表 test1 占用的内存位置，2 代表 test2 占用的内存位置，单位为字节。)

```
test1
1111
test2
22？？
```

其中的“？”代表补齐位。

哎，那你可能又会问了：这不算是一种内存浪费吗？你前面一直说栈内存怎么怎么小，那这种在栈内存上的内存浪费能不能避免呢？

能，但不是必须。因为人工干预修改对齐方式，可能会带来麻烦，但等下我还是会讲一下怎么修改的。

现在我们还是接着看例子：

这回再次增加难度。

```
struct
{
    double test1;
    char test2;
    short test3;
    int test4;
}A;
```

这回 sizeof(A)结果应该是多少咧？32？24？

答案是 16。

天了噜，为啥会是 16？？？

嘿嘿，别急，我们来慢慢看。

首先结构体中的第一个数据成员是 double 类型，占用内存大小为 8 字节，后面所有数据成员占用内存大小就都要是 8 字节的整数倍；而剩下三个数据成员分别占用 1 字节、2 字节和 4 字节，加到一块还没到 8 字节，所以它们仨可以共用一块 8 字节的内存空间而不是每个变量都占 8 字节空间。其中 test2 和 test3 共用 4 字节空间(包含 1 个字节的补齐)，test4 自己占用 4 字节空间，因此总共就占用了 16 字节内存空间。

它们在内存中占用情况如下(1 代表 test1 占用的内存位置，2 代表 test2 占用的内存位置，以此类推，单位为字节。)

```
test1
1111 1111
test2 test3 test4
2?    33    4444
```

估计你又要吐槽了，哎你逗我呢？有这么共用对齐的吗？

嘿嘿，别说，还真有。不信？你去翻翻前面的三个原则，我有违背那个原则吗？()这种方法属于原则 1 和 3 的共用。

这样子貌似可以再加个推论，就是如果相邻的数据成员的总字节数小于等于结构体中的第一个数据成员占用的字节数就可以共用同一空间减少对齐字节数，比方说：

```
struct
{
    double test1;
    char test2;
    char test3;
    short test4;
    int test5;
}A;
```

那么 sizeof(A)结果就将还是 16。

它们在内存中占用情况如下(1 代表 test1 占用的内存位置，2 代表 test2 占用的内存位置，以此类推，单位为字节。)

```
test1
1111 1111
test2   test3     test4   test5
2       3         44      5555
```

就是刚好填补了上一个例子中的补齐字节。

说到这就又想到了个问题，既然如果相邻的数据成员的总字节数小于等于结构体中的第一个数据成员占用的字节数就可以共用同一空间以减少用于对齐字节数，那如果碰到下面这种情况怎么办？

```
struct
{
      double test1;
      char test2;
      int test3;
      short test4;
      int test5;
}A;
```

这回这 sizeof(A)应该怎么算？test2、test3、test4 占用字节总和是 7 字节小于 8 字节，但是再加上 test5 的 4 字节就要超了啊……

嘿嘿，那还不简单，尽力而为呗。8 字节内能塞多少就尽量塞多少，多出来的变量再单独安排在一块 8 字节的空间上再补齐。

就像下面这样：

```
test1
1111 1111
test2 test3 test4
2?    3333    44
test5
5555 ? ? ? ?
```

因此，sizeof(A)答案是 24。

如果 test5 后面再加新成员变量，占用内存大小小于等于 4 字节，就再替换掉 test5 那段的补齐位，那样 sizeof(A)总大小不变。否则就再新开一块 8 字节大小内存存放新变量，sizeof(A)总大小变成 32。

看了这么多例子，最后再来个结构体成员中存在其他结构体的情况吧。

就像下面这样：

```
struct
{
    double test1;
    char test2;
    short test3;
    int test4;
}A;
struct
{
    double test1;
    char test2;
    char test3;
    short test4;
    int test5;
    struct A test6;
}B;
```

现在请问 sizeof(B)应该怎么算？

别急，我们慢慢分析。

首先结构体 B 中的第一个数据成员是 double 类型，占用内存大小为 8 字节，后面所有数据成员占用内存大小就都要是 8 字节的整数倍；而抛去结构体 A 剩下四个相邻数据成员分别占用 1 字节、1 字节、2 字节和 4 字节，加到一块刚好 8 字节，所以它们四个可以共用一块 8 字节的内存空间。其中 test2、test3 和 test4 共用 4 字节空间，test5 自己占用 4 字节空间，因此总共就占用了 16 字节内存空间。

之后我们再来分析结构体 A。

首先结构体 A 中的第一个数据成员是 double 类型，占用内存大小为 8 字节，后面所有数据成员占用内存大小就都要是 8 字节的整数倍；而剩下三个数据成员分别占用 1 字节、2 字节和 4 字节，加到一块还没到 8 字节，所以它们仨可以共用一块 8 字节的内存空间而不是每个变量都占 8 字节空间。其中 test2 和 test3 共用 4 字节空间(包含 1 个字节的补齐)，test4 自己占用 4 字节空间，因此总共就占用了 16 字节内存空间。

好，重点来了：这 A 是怎么放到 B 里的？我们来回顾下原则 2。

“如果一个结构体a作为另一个结构体b的数据成员，则在结构体b中结构体a要从a内部成员中占用内存最大的成员占用字节数的整数倍地址开始存储；”

由于结构体A中占用内存空间最大数据成员是double类型，占用内存大小为8字节，由此可见我们要找一个是8的整数倍的且不会覆盖结构体B中已存在成员变量所占内存地址的数量级最小的地址位置。因此，选择offset为16的这个地址位置刚好满足条件，而且没有产生任何补齐。因此sizeof(B)结果是32。

哎你可能会问了：不是结构体B本身就占了16字节空间嘛，你再从offset为16的位置插入真的不会覆盖B的数据吗？

嘿嘿，不会。

别忘了，结构体B的空间分配是从offset为0的位置开始的，所以其实B占用的位置是offset从0～15这段空间，所以我们插到offset为16的位置是完全没问题的。

OK，这样结构体内存对齐就讲了个大概了，但绝对没结束。

刚才我说过可以通过人工干预内存对齐减少补齐内存的字节数，实现这个目的要使用一种宏，叫做#pragma pack。编译器中提供了#pragma pack(n)来设定变量以n字节对齐方式对齐，比方说：

#pragma pack(4)就是人工设定编译器为4字节对齐方式。

n字节对齐就是说变量存放的起始地址的偏移量有两种情况：

(1) 如果n大于等于该变量所占用的字节数，那么偏移量必须满足默认的对齐方式，相当于对齐方式没有变化，但结构体总大小可能会再次补齐，原因等下会讲。

(2) 如果n小于该变量的类型所占用的字节数，那么偏移量为n的倍数，不用再满足默认的对齐方式。比方说设置#pragma pack(1)，那么所有结构体成员变量间就不再会有任何的补齐字节。

同时结构的总大小也有个约束条件，分两种情况：

(1) 如果n大于所有成员变量类型所占用的字节数，那么结构的总大小必须为占用空间最大的变量占用的空间数的倍数。

比方说如果

```
#pragma pack(9)
```

那么

```
struct
```

```
{
    double test1;
    char test2;
    short test3;
    int test4;
}A;
```

这个结构体原对齐下是16字节，将会变成18字节。

(2) 如果n小于该变量的类型所占用的字节数，那么结构体总大小必须为n的倍数；

比方说如果

```
#pragma pack(1)
```

那么

```
struct
{
    double test1;
    char test2;
    short test3;
    int test4;
}A;
```

这个结构体原对齐下是16字节，将会变成15字节。

内存占用就会从

```
test1
1111 1111
test2   test3   test4
2?      33      4444
变成
test1
1111 1111
test2   test3   test4
2       33      4444
```

即每1个字节都是单独对齐的，不再需要补齐，且总大小是1的倍数。

解释完#pragma pack的用法，再要讲的东西就要用到我们一开始的那段强行科普了。

接下来要讲的是结构体的位域，即将以 bit 为单位讲解一种更为压缩的结构体对齐方法。这种方法对齐后的结构体不能使用 sizeof 关键字对其中特定的单独成员进行计算，因为它们彼此间将可能共用了 1 个字节。

在位域中结构体的每个成员在声明时将会把自己的占用空间大小精确到 bit 级别，比方说：

```
char a:2;
```

这种声明将意味着该成员只占用 2 bit 空间即 0.25 个字，这样声明后编译器在进行对齐时将把它与其他成员共同分配 1 字节用于存放数据，节省空间。

其中每个成员声明的 bit 大小叫做位宽。

位域大致有 5 条基本规则：

(1) 如果相邻成员的类型相同且位宽之和小于该类型 sizeof()，则可以紧邻着前一个字段存储，直到不能再容纳位置。

(2) 如果相邻字段的类型相同，但是位宽之和大于该类型的 sizeof()，则后面的字段将从新的存储单元开始存储，且 offset 为其类型大小的整数倍。

这两条就很类似前面讲字节单位对齐时的那个推论，就是如果相邻的数据成员的总字节数小于等于结构体中的第一个数据成员占用的字节数，就可以共用同一空间减少对齐字节数。

举两个例子吧：

```
struct
{
    char test1:2;
    char test2:4;
    char test3:5;
}A;
```

这里 sizeof(A) = 2，其中 test1 和 test2 共用 1 个字节。

内存占用如下(1 代表 test1 占用的内存位置，2 代表 test2 占用的内存位置，以此类推，单位为 bit 不是字节喽。)

```
test1 test2
11？？2222
test3
```

3333 3? ? ? ?

(3) 如果相邻位域字段类型不同，各编译器的处理不同。

(4) 如果位域字段之间插入非位域字段，各编译器的处理不同。

上面两条根据不同编译器处理结果不同，这里就不详述了。

最后一个规则5很似曾相识。

(5) 整个结构体的总大小为其最宽基本类型的整数倍。

这个就和字节为单位的内存对齐原则3是一个道理。

至此，结构体的内存对齐就彻底讲完喽～

参 考 文 献

[1] Dennis M.Ritchie, Brian W Kernighan. The C Programming Language. New York: Prentice Hall, 1990

[2] Steve Maguire. Writing Solid Code. New York: Microsoft Press, 1993

[3] Peter Van Der Linden. C 专家编程. 徐波，译. 北京：人民邮电出版社，2008

[4] Kenneth A Reek. C 和指针. 徐波，译. 北京：人民邮电出版社，2008

[5] Andrew Koenig. C 陷阱与缺陷. 徐波，译. 北京：人民邮电出版社，2008

[6] 林锐. 高质量程序设计指南 C/C++. 北京：电子工业出版社，2001

[7] 陈正冲. C 语言深度剖析. 2 版. 北京：北京航空航天大学出版社，2012

[8] 俞甲子，石凡，潘爱民. 程序员的自我修养：链接、装载与库. 北京：电子工业出版社，2009

[9] Milan Stevanovic. 高级 C/C++编译技术. 卢誉声，译. 北京：机械工业出版社，2015

[10] Peter Prinz, Tony Crawford. C 语言核心技术. O'Reilly，译. 北京：机械工业出版社，2007

[11] Stanley B Lippman, Josée Lajoie, Barbara E Moo. C++ Primer. 5 版. 王刚，杨巨峰，译. 北京：电子工业出版社，2013

[12] 蔡明志. 指针的编程艺术. 2 版. 北京：人民邮电出版社，2013